U0319961

# 编委会成员

# 教师信息技术基本技能

Jiaoshi Xinxi Jishu Jiben Jineng

主编◎夏洪文  副主编◎吴雪飞 宋小舟

重庆大学出版社

**图书在版编目(CIP)数据**

教师信息技术基本技能/夏洪文主编.—重庆：
重庆大学出版社,2013.6
(教师职业素养阅读丛书)
ISBN 978-7-5624-7356-5

Ⅰ.①教… Ⅱ.①夏… Ⅲ.①电子计算机—基本知识
Ⅳ.①TP3

中国版本图书馆 CIP 数据核字(2013)第 090414 号

**教师信息技术基本技能**

主　编　夏洪文
副主编　吴雪飞　宋小舟
策划编辑:唐启秀

责任编辑:文　鹏　姜　凤　　版式设计:唐启秀
责任校对:任卓惠　　　　　　责任印制:赵　晟

\*

重庆大学出版社出版发行
出版人:邓晓益
社址:重庆市沙坪坝区大学城西路 21 号
邮编:401331
电话:(023) 88617183　88617185(中小学)
传真:(023) 88617186　88617166
网址:http://www.cqup.com.cn
邮箱:fxk@ cqup.com.cn(营销中心)
全国新华书店经销
万州日报印刷厂印刷

\*

开本:787×1092　1/16　印张:14.5　字数:292 千
2013 年 6 月第 1 版　　2013 年 6 月第 1 次印刷
印数:1—4 000
ISBN 978-7-5624-7356-5　定价:29.00 元

"共性。"

学监:"很好。我想,你对教学已经知道得够多了,马上就给你开具资格证。"

另一场教师招聘面试会发生在 19 世纪 60 年代新英格兰某城镇:

主席:"你多大了?"

应聘者:"上个月 27 日,我就 18 岁了。"

主席:"你最后上的是什么学校?"

应聘者:"是 S 学院。"

主席:"你认为你能够了解学生的思想吗?"

应聘者:"我想,我可以。"

主席:"好的,你的情况,我很满意。我想,你可以到我们学校工作。明天我让学生给你送去聘书。"

由于工资过低,很多教师都因为难以养家糊口而不得不做其他临时或兼职工作。有些从事教堂管理员、敲钟员、诗班领唱者、挖墓者等,有些从事裁缝、酿酒师或旅社老板一类工作。在学校一年中放假的几个月里,这些工作都是教师经常兼职从事的。

总体看来,近代社会以前的教育,一直沿用与农耕社会相适应的个别化教学、聚徒讲学、师徒制培养的教学方式,教师职业的地位及其专业化程度很低。

## 二、现代教师的专门化培养

现代教师是随着班级授课制和学校教育制度的诞生而逐步形成的。1632 年,捷克教育家夸美纽斯《大教学论》的面世,标志着独立形态教育学的开端。他倡导学年制和班级授课制,试图寻找一种教师可以少教、学生可以多学的教学方法。1806 年,德国教育家赫尔巴特的《普通教育学》,被公认为第一部具有科学体系的教育学著作。他将教师的职责定义为知识、技能的传递和道德的培养,并提出五段教学法、教师中心说和教学的教育性原则等基本理论,对后世影响极大。17—19世纪,西方各国相继提高对教师职业素质的要求,陆续开始对教师的专业化培养,出现了培养教师的专门学校,换言之,师范教育的出现是教师职业专业化的必然产物。

1684 年,法国创办最早的小学教师讲习所,并附设专供实习用的"练习学校"。至 19 世纪后期,实行国家教师证书制度。20 世纪以来,明确要求提高教师的教育理论水平与教育实践能力,从而确立了现代教师职业的专业性质。1989 年,法国公布《教育方向指导法》,标志着教师的职业化和专业化发展进入一个新的时期。

1695 年,德国创办教师"实践研讨班",继而开办师范教育。1763 年颁布的《初等学校及教师通则》,对教师资格、条件、守则、考核、出勤和责任等做了明确规定。"二战"后,德国的高等师范学校逐渐消失,教师教育出现综合化、大学化趋势。20 世纪 90 年代,德国着眼于教师的职业道德、教育科学知识和能力、学科教学知识和能力三个领域的专业发展。

1823 年,美国创立最早的师范学校,其后,师范学校快速发展,45 个州大都建设师范学校。1825 年,俄亥俄州首先颁布教师证书法令,随后其他州也逐步实施州、县两级教学许可证书制度。20 世纪初,师范学校向师范学院转型,建立阶梯式师范教育。20 世纪 50 年代后,推进"教学专业化与标准化运动",加速教师专业化发展。80 年代后,霍姆斯小组发布研究报告,呼吁废止现行教育学学士学位,加快师范学院转型,改由综合大学、文理学院的教育学院和教育系培养教师,将大学四年全部用来进行通识教育和专门学科知识训练,将教育专业训练延伸至大学毕业后阶段,从而形成了职前、入职和在职三位一体的教师培养系统。

1890 年,英国设置走读制师范学院,专门培养合格的小学教师。其后,走读制师范学院发展很快,学制亦由 3 年制增为 4 年制。前 3 年读专业学位,第 4 年接受师范专业培训,毕业后升任中学教师。20 世纪以来,随着地方公立师范院校的开办,教师培养逐步走向正规,师范专科学校走向师范本科学院,1964 年后称为教育学院。20 世纪后半叶至 21 世纪初,英国政府先后发布实施一系列教育白皮书、教育蓝皮书和《2002 年教育法》等教育法案,教师的专业化水平不断提升。

1897 年,在中国,盛宣怀于上海创办南洋公学,特设"师范院"。1902 年,清政府将京师大学堂师范馆单列,且不断扩大,1923 年更名为北京师范大学后进一步发展,沿用至今。同年,张謇开办通州师范学校。其后,师范教育被纳入国民教育序列,教师逐步成为社会分工序列中一个不可或缺的专门性职业与行当。1999年,《中华人民共和国职业分类大典》将教师划归第二大类"专业技术人员"。教师的培养和任用也逐步由非正规走向正规,由职业化走向专业化,由单科性的师范院校培养走向综合性的大学培养,由职前、职后的分离式培养走向一体化、分段式培养。教师的学历、道德、知识、技能等资格标准,教师的综合素质、专业知识和能力、教育知识和能力等专业标准,教师职前与职后教育的课程标准等,相继出台、日臻完备;社会对教师职业的角色期待和要求日渐提高,教师的政治地位、经济地位、社会地位、专业地位及其作用也不断提升。

## 三、现代西方教师的专业标准

专业(profession)是职业(occupation)分化和发展的结果,是指需要专门知识和技能的职业。从社会分工、职业分类的角度来看,专业是指一群人经过专门教育和训练,按照一定的行业标准或规例,掌握并运用较高深的和较独特的专门知识和技术,进行专门的职业活动,从而解决人生和社会的问题,促进社会进步并获得相应报酬、待遇和社会地位的专门职业。随着社会分工的加剧和教育规模的扩大，教师从传统职业中分化出来，形成一种专门职业，既是时代发展的必然选择，也是一种既成的社会现实。从传统的一般性职业到现代的专业性职业，教师职业经历了一个长期、系统的演替过程。

职业的专业发展或专业化，是现代社会中任何一项职业都要面临的最终选择。所谓专业化，是指一个普通的职业群体逐渐符合专业标准，进而成为专门职业并获得相应的专业地位的动态过程。在美国，教师的职业化和专业化是互补而统一的，教师既要通过专业化训练获得职业资格，又要通过职业化训练提高专业化水准，在职业化基础上实现专业化，在专业化基础上实现高层次、高规格的职业化。教师既是一个职业，又是一个专业，是职业与专业的统一体。

澳大利亚学者凯米斯（S. Kemmis）认为，专门职业有三个显著特征：第一，其成员采用的方法与程序有系统的理论知识和研究作支持；第二，其成员以顾客的利益为压倒一切的任务；第三，其成员不受专业以外势力的控制和限定，有权做出自主的专业判断。如果一种职业能同时具有这三个特征，那么它就确实构成了一门专业。相应地，专业化过程也就是一种职业不断发展、逐步拥有这三个特征或者更多其他专业特征的过程。

从现代教师职业诞生起，各国就在不断地出台行业标准和专业发展标准，以促进教师的专业发展，逐步形成三种不同的教师专业标准模式。一是与教师资格标准相分离的专业标准。在这种模式下，取得了教师资格，并不等同于达到了专业标准。从取得教师资格到达到专业标准，还有一个漫长的过程和其他要求。美国是这种模式的典型，中国也属于这种类型。二是与教师资格标准相挂钩的专业标准。这种模式的特征是，教师资格要求与教师专业标准是贯通一致的，英国和日本是其代表。三是分类分级型的教师发展标准。这种模式综合了前两种模式之长，兼顾了教师标准的合格性、专业化。其特征是，教师标准被分为若干标准，每一标准又有总体标准与阶段标准，该模式以澳大利亚、中国香港为典型。

### 1. 美国教师的专业标准

美国教师的专业标准是逐步完善的，分为总标准和学科标准。总标准是面向所有学科教师的核心标准，学科标准是总标准的延伸。在美国，申请中小学教师资格，起点学历是大学，高级教师的学历资格要求是硕士毕业。各州设有教师证书更新制度，证书的有效期由原来的 5~6 年不断缩短，有的州已缩短为 1 年。

美国的《优秀教师行为守则》：①记住学生姓名；②注意参考以往学校对学生的评语，但不持有偏见，并且与辅导教师联系；③对学生真诚相待，富于幽默感，力求公道；④言而有信，步调一致，不能对同一错误行为采取今天从严、明天从宽的态度；⑤不得使用威胁性语言；⑥不得因少数学生的不轨而责备全部学生；⑦不得当众发火;⑧不得在大庭广众之下让学生丢脸;⑨注意听取学生的不同反映,但同时也应有自己的主见;⑩要求学生尊敬教师,对学生也要以礼相待;⑪不与学生过分亲热或过分随便;⑫不要使学习成为学生的精神负担;⑬在处理学生问题时如有偏差,应敢于承认错误;⑭避免与学生公开争论,应个别交换意见;⑮要与学生广泛接触,互相交谈;⑯少提批评性意见;⑰避免过问或了解学生们的每个细节;⑱要保持精神饱满,意识到自己的言谈举止都会影响学生的行为;⑲要利用电话等手段与学生家长保持联系;⑳在处理学生问题时,要注意与行政部门保持联系;㉑要严格遵守学校的规章制度。

### 2. 英国教师的专业标准

英国教师的专业标准经过 20 多年的酝酿、形成、修订,渐趋成熟,成为国际教师专业标准的典型范例。

1983 年,《教育质量》白皮书规定:教师应具备适宜的人格品质、适当的学业水平、足够的教育专业和实践方面的知识技能三方面的素质。

1989 年,《教育(教师)条例》规定:只有取得合格教师身份,才有资格任教中小学;只有达到合格教师任职标准,才可取得合格教师身份。

2002 年,英国教师标准局和英国师资培训署共同颁布了《英国合格教师专业标准与教师职前培训要求》,从"专业价值和实践""知识与理解""教育教学实践能力"三个维度对申请者提出具体的专业要求。

2005 年,《英格兰教师专业标准》规定了合格教师专业标准、入职教师专业标准、资深教师专业标准、优秀教师专业标准和高级教师专业标准。标准从专业品质、专业知识与专业理解、专业技能三方面详细阐明了各专业发展阶段教师所应当具备的专业特点,旨在使教师各专业发展阶段的职业生涯发展具有一致性、连贯性,从而为教师职业的层级晋升指明方向。

### 3. 法国教师的专业标准

法国教师的专业标准和要求也是在实践中不断发展的。申请者须具有法国国籍,学士学位或相当学历,身体健康,无前科。符合条件者须参加由学区组织的入学考试。中小学教师第一部分的考试内容相同,为法语、数学、教学法基础知识的书面考试,通过者方可参加第二部分考试。第二部分考试,小学教师考 4 门:①在物理与技术、生物与地质、历史与地理中选考 1 门;②在外语、音乐、其他艺术中选考 1 门;③体育(必考);④口试。中学教师考口试,内容为某门学科专业知识(理科加实验知识)和教学法基本知识。

考试合格者才能进入教师教育学院学习两年。小学教师综合培养,中学教师分专业培养。第一学年以校内课程学习为主,结束时参加由教育部组织的统一教师资格考试(即教师聘用会考),考试分预选考试和录取考试。小学教师会考由学区组织。预选考试为法语和数学 2 门笔试,录取考试目前为 4 门,含笔试和口试以及教育学。中学教师会考由国家统一组织,预选考试为专业学科笔试,录取考试为口试,其中包含一次演讲和会谈。会考每门笔试时间都在 3～4 小时。会考合格者才能成为实习教师,开始在教师教育学院的第 2 学年学习——以职业能力培养为核心的实习阶段,结束时提交论文,接受教师教育学院的教学实践、学位论文、课程模块三个方面的评估,评估都合格者,由教师教育学院报学区批准,获得合格教师资格,成为国家公务员,到中小学正式任职。

### 4. 日本教师的专业标准

日本的教师资格制度始于明治维新时期,"二战"以后日益健全。1949 年,颁施《教育职员资格证书法》(又称《教育职员许可法》)。1952 年,日本教师联合大会正式通过《教师伦理纲领》。《纲领》规定:①教师要肩负起日本社会的使命,与青少年一起生活;②教师要为教育机会的均等而斗争;③教师要捍卫和平;④教师要站在科学真理的立场上行动;⑤教师不容许自身的自由遭受侵犯;⑥教师要同家长一道与社会的颓废现象作斗争,创造新文化;⑦教师是劳动者;⑧教师要维护生活权益;⑨教师要团结一致。

1998 年,再次修订《教育职员资格证书法》(2000 年实施),将教师资格证书分为普通许可证、临时许可证、特别许可证三种类型。普通资格证书按照学校的种类而分为小学教师证书、初中教师证书、高中教师证书、盲人学校教师证书、聋哑学校教师证书、特殊学校教师证书、幼儿园教师证书;按等级又分为专修、一种、二种许可证(高中教师许可证只有专修、一种两类)。一种许可证要求具备大学本科毕业取得学士学位程度,二种许可证要求具备短期大学毕业取得学士学位程度,持二种许可证者必须在十五年内经过努力取得一种许可证书,专修许可证授予修完硕士课程的人员。2008 年,新修订的《教育职员资格证书法》规定了获得幼儿园、小学、初中、高中、特殊教育学校教师资格证的最低要求。此外,从 2006 年开始,即实施教师资格证书换证制,规定教师资格证书的有效期限、适用对象、研习的主要内容及方式、考核及评价。

## 四、中国教师的专业发展标准

20 世纪以来,中国在不同时期对教师有不同标准和要求。1931 年,国民政府将每年 6 月 6 日定为教师节,简称"双六节",后又以孔子生日——公历 9 月 28 日为教师节。新中国成立以后,教师一度成为"臭老九"。改革开放以来,教师地位得以恢复和提升,1985 年,第六届全国人大常委会第九次会议同意国务院关于建立教师节的议案,议决从 1985 年开始,将每年的 9 月 10 日定为教师节。相应地,社会对教师的职业要求和专业标准也在不断提高。目前,中国教师的专业发展标准包括四个核心内容。

### 1. 中国教师的师德规范

20 世纪 80 年代以来,国家先后四次修改颁布实施中小学教师的职业道德要求和规范。2011 年,还专门发布了《高等学校教师职业道德规范》。

1984 年,颁发第一部《中小学教师职业道德要求(试行)》,计 6 条:"热爱祖国,热爱中国共产党,热爱社会主义,热爱人民教育事业;执行教育方针,遵循教育规律,面向全体学生,教书育人,培养学生德、智、体全面发展;认真学习马列主义、毛泽东思想,学习科学文化知识和教育理论,钻研业务,精益求精,勇于创新;热爱学生,了解学生,循循善诱,诲人不倦,不歧视、讽刺、体罚学生,建立民主、平等、亲密的师生关系;奉公守法,遵守纪律;热爱学校,关心集体;谦虚谨慎,团结协作;与家长、社会紧密配合,共同教育学生;衣着整洁,举止端庄,语言文明,礼貌待人,以身作则,为人师表。"

1991 年,发布修订的《中小学教师职业道德规范》,计 6 条:"热爱社会主义祖国,拥护中国共产党的领导,学习和宣传马列主义、毛泽东思想,热爱教育事业,发扬奉献精神;执行教育方针,遵循教育规律,尽职尽责,教书育人;不断提高科学文化和教育理论水平,钻研业务,精益求精,实事求是,勇于探索;面向全体学生,热爱、尊重、了解和严格要求学生,循循善诱,诲人不倦,保护学生身心健康;热爱学校,关心集体,谦虚谨慎,团结协作,遵纪守法,作风正派;衣着整洁、大方,举止端庄,语言文明,礼貌待人,以身作则,为人师表。"

1997 年,颁布新修订的《中小学教师职业道德规范》,计 8 条:"依法执教,爱岗敬业,热爱学生,严谨治学,团结协作,尊重家长,廉洁从教,为人师表。"

2008 年,再度公布新修订的《中小学教师职业道德规范》,计 6 条:"爱国守法、爱岗敬业、关爱学生、教书育人、为人师表、终身学习。"

2011 年,又公布《高等学校教师职业道德规范》,计 6 条:"爱国守法、敬业爱生、教书育人、严谨治学、服务社会、为人师表。"这是中华人民共和国首次制定印发高校师德规范,既与中小学师德规范相衔接与贯通,又与中小学师德要求相区别,着重根据高校教师的职业特点,对其职业责任、道德原则及职业行为提出明确的准则和要求。

### 2. 中国教师的资格标准

1993 年 10 月 31 日,中华人民共和国主席江泽民签发第 15 号令,批准公布第八届全国人民代表大会常务委员会第四次会议通过的《中华人民共和国教师法》,自 1994 年 1 月 1 日起施行。1995 年 12 月 12 日,依据《中华人民共和国教师法》,国务院总理李鹏签发中华人民共和国国务院第 188 号令,公布实施《教师资格条例》,规定中国公民"从事教育教学工作,应当依法取得教师资格"。2000 年 9 月 23

日,中华人民共和国教育部发布实施第 10 号令,出台《教师资格条例》实施办法。

　　针对以往新教师入门由省级教育部门命题组织考试存在的种种问题和弊端,2011 年,教育部发布《关于开展中小学和幼儿园教师资格考试改革试点的指导意见》和《中小学和幼儿园教师资格考试标准(试行)》,将各省考试改为全国统考,即由国家统一制定标准,纳入参照性考试范畴。其根本目的在于,通过中小学和幼儿园教师资格考试改革,健全国家教师资格考试标准,改进考试内容,强化职业道德、心理素养、教育教学能力和教师专业发展潜质,改革考试形式,加强考试管理,完善考试评价,引导教师教育改革,严把教师职业入口关,结合新任教师公开招聘制度改革,逐步形成"国标、省考、县聘、校用"教师准入和管理制度。

　　新的考试标准除了研制一系列规程和细则外,还从教师队伍建设的现状出发,实施差异化管理,采取"新人新办法、老人老办法"等措施,循序渐进,逐步推开,持续提高要求和教师队伍整体素质。特别规定,2011 年以后入学的师范类专业学生,申请教师资格,应参加教师资格考试,还规定在职教师每 5 年要进行一次注册考核,不达标者将退出,预计用 3 年时间使其成为全国性常态制度。

　　2011 年下半年,教育部在浙江、湖北两省进行中小学和幼儿园教师资格考试试点。2012 年,中小学和幼儿园教师资格考试改革试点工作扩大到河北、上海、浙江、湖北、广西、海南 6 省(自治区、直辖市)。考试对象、性质、类别、目的、内容、形式、要求和标准既顺应国际趋势,又切合国内实际,旨在统一规范教师的入职标准,促进教师的专业发展。2013 年,计划在全国完成推广,实现国家教师资格统考的常态化。

　　新的中小学和幼儿园教师资格考试标准是教师职业准入的国家标准,是从事中小学和幼儿园教师职业的最基本要求,是进行中小学和幼儿园教师资格考试的基本依据,包括幼儿园教师、小学教师、初中教师、高中教师资格考试标准。标准以中小学教师资格证认定的基本要求为载体,包括基本条件、学历要求、教学能力要求三部分。

　　新的教师资格考试分为笔试和面试两部分。笔试主要考核申请人从事教师职业所应具备的教育理念、职业道德和教育法律法规知识;科学文化素养和阅读理解、语言表达、逻辑推理和信息处理等基本能力;教育教学、学生指导和班级管理的基本知识;拟任教学科(专业)领域的基本知识,教学设计、实施、评价的知识和方法,运用所学知识分析和解决教育教学实际问题的能力。面试主要考核申请人的职业道德、心理素质、仪表仪态、言语表达、思维品质等教师基本素养和教学设计、教学实施、教学评价等教学基本技能,通过结构化面试、情景模拟等方式进行。

　　**3. 中国教师的专业标准**

　　我国自 2010 年 9 月开始,即着手建立教师专业标准体系,包括《中小学教师专业标准》《教师教育课程标准》《教师教育机构资质标准》《教师教育质量评估标准》等。经过近两年的酝酿、起草、论证及广泛征求意见和咨询,教育部于 2012 年 9 月 14 日正式公布《幼儿园教师专业标准(试行)》《小学教师专业标准(试行)》和《中学教师专业标准(试行)》。新的教师专业标准由"基本理念、基本内容与实施建议"三大部分构成。基本理念提出,教师要以学生(幼儿)为本、师德为先、能力为重,终身学习。基本内容由维度、领域和基本要求组成,分别对幼儿园、小学、中学教师的专业理念与师德、专业知识和专业能力提出约 60 条具体要求。

新标准强调,教师要给幼儿和小学生快乐的学校生活,要让中学生自主发展;小学教师要了解性教育知识,中学教师要引导学生提高创新能力。同时,"标准"还与"教师定期考核制度"相匹配,意图形成组合拳,实行师德不佳一票否决。

2012 年 9 月 7 日,国务院《关于加强教师队伍建设的意见》提出,进一步完善教师专业发展标准体系。根据各级各类教育的特点,出台幼儿园、小学、中学、职业学校、高等学校、特殊教育学校教师专业标准,作为教师培养、准入、培训、考核等工作的重要依据。制定幼儿园园长、普通中小学校长、中等职业学校校长专业标准和任职资格标准,提高校长(园长)专业化水平。制定师范类专业认证标准,开展专业认证和评估,规范师范类专业办学,建立教师培养质量评估制度。

### 4. 中国教师教育的课程标准

早在 2004 年 10 月,教育部即启动《教师教育课程标准》研制工作,历时 7 年,于 2011 年 10 月,正式发布《关于大力推进教师教育课程改革的意见》,并按照幼儿园职前教师、小学职前教师、中学职前教师、在职教师序列,颁发《教师教育课程标准(试行)》(以下简称"课程标准")。"课程标准"由"基本理念、教师教育课程目标与课程设置、实施建议"三部分构成。教育部要求各级教育行政部门和教师教育机构积极创新教师教育课程理念,优化教师教育课程结构,改革课程教学内容,开发优质课程资源,改进教学方法和手段,强化教育实践环节,加强教师养成教育,建设高水平师资队伍,建立课程管理和质量评估制度,加强组织领导和条件保障,全面贯彻实施"课程标准",切实提高教师职前教育和在职培训的质量。

"课程标准"要求,无论是中小学、幼儿园教师的职前教育课程还是其在职教育课程,都必须共同遵行育人为本、实践取向、终身学习的基本理念。关于教师教育课程目标与课程设置的内容,按幼儿园、小学、中学序列,分为教师职前教育的课程目标和课程设置两大块。

其中,幼儿园职前教师教育课程要帮助未来教师充分认识幼儿阶段的特性和价值,理解"保教结合"的重要性,学会按幼儿的成长特点进行科学的保育和教育;理解幼儿的认知特点和学习方式,学会把教育寓于幼儿的生活和游戏中,创设适宜的教育环境,保护与发展幼儿探究、创造的兴趣,让幼儿在愉快的幼儿园生活中健康地成长。"课程目标"包括"三大目标领域、九项目标、三十八条基本要求","课程设置"包括"学习领域、建议模块、学分要求（三年制专科、五年制专科、四年制本科）"等内容。

小学职前教师教育课程要引导未来教师理解小学生成长的特点与差异,学会创设富有支持性和挑战性的学习环境,满足他们的表现欲和求知欲;理解小学生的生活经验和现场资源的重要意义,学会设计和组织适宜的活动,指导和帮助他们自主、合作与探究学习,形成良好的学习习惯;理解交往对小学生发展的价值和独特性,学会组织各种集体和伙伴活动,让他们在有意义的学校生活中快乐成长。"课程目标"包括"三大目标领域、九项目标、三十三条基本要求","课程设置"包括"学习领域、建议模块、学分要求（三年制专科、五年制专科、四年制本科）"等内容。

中学职前教师教育课程要引导未来教师理解青春期的特点及其对中学生生活的影响,学习指导他们安全度过青春期;理解中学生的认知特点与学习方式,学会创建学习环境,鼓励独立思考,指导他们用多种方式探究学科知识;理解中学生的人格与文化特点,学会尊重他们的自我意识,指导他们规划自己的人生,在多样化的活动中发展社会实践能力。"课程目标"包括"三大目标领域、九项目标、三十四条基本要求","课程设置"包括"学习领域、建议模块、学分要求（三年制专科、四年制本科）"等内容。

在职教师教育课程分为学历教育课程与非学历教育课程。学历教育课程方案的制定要以本标准为依据,考虑教师教育机构自身的培养目标、学习者的性质和特点,并参照在职教师教育课程设置框架;非学历教育课程方案的制订要针对教师在不同发展阶段的特殊需求,参照在职教师教育课程设置框架,提供灵活多样、新颖实用、针对性强的课程,确保教师持续而有效的专业学习。

在职教师教育课程要满足教师专业发展的多样化需求,充分利用教师自身的经验与优势,进一步深化和发展职前教师教育的课程目标,引导教师加深专业理解、解决实际问题、提升自身经验,促进教师专业发展。课程内容包括"课程功能指向、加深专业理解、解决实际问题及主题/模块举例"等。

## 五、教师职业素养阅读丛书的编撰

毋庸置疑,回溯教师职业的由来及其专业发展的历程,对我们系统了解教师职业的内涵和专业标准,是十分必要的。特别是了解和掌握国家新近出台的《教师教育课程标准》,不仅对规范教师教育的教学内容、改进教师教育的教学方法、提高教师教育的教学质量,进而提升教师队伍的整体素质,具有十分重要的现实意义和深远的历史意义,而且也给各级各类院校的教师教育课程实施和实践提供了国家级的课程标准,给各级各类教育行政部门加强教师教育的科学指导和管理提供了可资参考的依据。

鉴于此,浙江师范大学和重庆大学出版社根据国家的"课程标准",经过一年多的协同筹备和策划,组织省内外师范院校专长于教师教育教学与研究的学者,分工负责撰写相关篇目,自 2013 年始,陆续推出教师职业素养阅读丛书,旨在为广大一线中小幼教师的阅读、学习和教学提供有益的教材。本丛书力图突出以下几个特点:一是时代性,即有利于了解国内外中小学教育教学改革与发展的经验和做法,提高教师终身学习与持续发展的意识和能力;二是实践性,即直面教师教育教学中存在的诸多问题,并从这些问题出发,直接为教师提供比较切实可行的操作方法;三是理论性,即有利于教师学习先进中小学教育教学理论,启迪教师教学思维;四是导向性,即有利于教师学习国家有关教师专业发展和教育教学改革的法律和政策,提高教师政策素养;五是普适性,即既适合在职教师阅读,又适合在校师范生阅读,也适合欲参加教师资格考试的社会人员阅读。

本丛书是一个开放的体系,并没有限定册数。如果有与丛书宗旨相吻合的著作或教材,同时编著质量和水平也达到丛书标准,通过专家评审,编委会在征求总主编和作者本人同意的基础上,及时将其纳入丛书,并积极向读者推介。本套丛书的第一次编写会议于 2012 年 2 月召开,首期计划陆续出版《如何做班主任工作——一门关于爱与智慧的艺术》《教师身边的教育科研》《课堂教学策略与艺术》《教师实习指导手册》《教师信息技术基本技能》《教学设计论纲》《教师职业保健》《教师人文读本》《教师自然读本》《教师职业伦理》《教育政策与法规》《教学成果的实现》《教师实验教学素养的提升:理论与案例》《大国的教师发展》《当代主要教育思潮》《教师嗓音健康与训练》《教学成果是这样炼成的》《教师职业生涯规划与设计》《校本研究与教师行动研究指南》等 20 册。撰写过程中,作者可根据研究进展对内容和体例作适度调整,书名也可能会有所变动。

中小学教师素质的培养和提升是一项系统而复杂的工程,需要全社会的关注和努力。希望此套丛书对丰富中小学教师的阅读及其职业和专业素养的提升有所裨益和帮助。丛书中的不足之处,也请广大读者批评指正。

吴锋民　杨天平

2012 年 12 月 16 日

# 目　录

# 第一章 走进信息技术

自 20 世纪中期以来,以电子计算机和通信技术为代表的现代信息技术的出现带来了"信息技术革命",它使当今世界发生了人类有史以来最为迅速、广泛、深刻的变化,促使人类社会迅速进入信息社会,对社会的各个领域及人类生活的各个方面都产生了巨大的影响。

信息社会给教育注入了新的生机和活力,其对教育的影响是革命性的,它将促使教育的观念、内容、手段、方法、模式等发生根本性的变化。

## 第一节 信息技术与信息技术素养

### 一、信息技术概述

信息技术的概念,因使用的目的、范围和层次不同,人们对于信息技术的理解有不同的表述方式。广义而言,信息技术是指能充分利用与扩展人类信息器官功能的各种方法、工具与技能的总和。狭义而言,信息技术是指利用计算机、网络、广播电视等各种硬件设备、软件工具与科学方法,对数据、语言、文字、声音、图画和影像等各种信息进行采集、处理、传输和检索的经验、知识及其手段、工具的总和。

信息技术的实现离不开当今科学技术的支持,它是建立在现代科学技术成就基础上的高新技术,有其自身规律性的特点。

(1)数字化。数字技术是信息技术的核心,在当今信息时代,信息的获取、传递、处理均已实现数字化。实践证明,经过数字化处理的信息具有保真度高、存储量大、传递速度快等特点。在信息处理和传输领域,由于二进制数字具有简单、稳定、直观和易于计算机处理的特点,所以将信息用电磁介质以二进制编码的形式加以处理和传输,将过去用纸张或其他媒介存储的信息转变为用计算机处理和传输的数字信息。采用数字化后可将各种不同的信息形式(如文字、符号、图形、声音、影像等媒体)数字化,为信息的统一处理和传输提供了基础。

(2)网络化。卫星通信和光缆传输技术的发展,提高了信息传输的速度,传播范围进一步扩大,使信息资源的全球化、信息传播的立体化成为可能。计算机技术与通信技术的结合将人类带入了全新的网络环境,它把分布在各地的具有独立处理能力的众多计算机系统,通过电信线路和相应设备联结起来,以实现资源共享。通过信息的数字化,网络化交流变得更加便捷,电子邮件、远程登录、电子论坛等也逐渐深入人们的生活和学习中。

(3)智能化。所谓智能化,就是用计算机来模拟、延伸和扩展人类的智能,使机器具有人类的思维和逻辑判断能力。在通信领域将出现具有类似人类大脑思维能力的智能通信网,当网络提供的某种服务因故障中断时,它可自动诊断故障,恢复原来的服务。在计算机领域,超级智能芯片、神经计算机、自我增值数据库系统等将得到发展,与此相应的是第六代计算机将具有人类思维的能力。在多媒体领域将出现计算机支持的协同工作环境及智能多媒体,届时会更加便捷地对文字、符号、图形、声音、影像进行识别和处理。在信息系统领域,智能信息系统的出现将提供智能的人机界面,用户与系统之间可用自然语言交互,系统可提供强大的推理、检索和学习功能。

(4)个人化。信息技术将促进实现以个人为目标的通信方式,充分体现可移动性和全球性。它所实现的目标可概括为5W,即无论何人(Whoever)在任何时候(Whenever)和任何地方(Wherever)都能自由地与世界上其他任何人(Whomever)进行任何形式(Whatever)的通信。未来通信的模式应该是:通信方式是透明的,通信时间是随时的,通信设备是简单的,通信功能是多方面的。这种支持个人通信的技术,需要全球性大规模的网络容量和智能化的网络功能作为技术支持。

(5)多媒体化。电子通信和计算机网络信息传输,融合了超文本技术和超媒体技术,它集文本、图形、图像、声音于一体。信息传递多媒体化能够消除信息的不确定性,有利于受众的认识,受众可根据需要选择相应的多媒体方式传递或接收信息。

(6)虚拟化。虚拟现实世界可创造出一种身临其境的真实感觉,人们通过由计算机仿真生成的虚拟现实情境去感知客观世界和获取有关技能。目前,已经涌现出一系列虚拟化的教育环境,包括虚拟教室、虚拟实验室、虚拟校园、虚拟图书馆、虚拟学社等。虚拟教育可分为校内模式和校外模式。校内模式是指利用局域网开展网上教育,校外模式则是使利用广域网进行远程教育。在许多建设了校园网的学校,如果能够充分开发网络的虚拟教育功能,就可做到虚拟教育与现实教育相结合,校内教育与校外教育相互贯通,这将是未来信息化学校的发展方向。

## 二、信息技术素养

信息时代的教学是基于 Internet 的教学,未来学校的管理者和教师均应是网络服务器来(而不仅仅是微机)的熟练用户,应能熟练使用 Internet 服务器来管理教学、辅助教学。教育信息化已成为一种世界趋势,它的发展水平决定着国家现在和将来的教育质量。传统意义上的教师需要具备的知识与能力标准已远远不能适应现实的需要,信息技术素养是经济社会对每个教师的必然要求。

信息技术素养是指个体对技术及相关概念有正确的理解,在解决问题和批判性思维中正确、熟练地应用各种技术。信息技术素养中最重要的是计算机素养,主要包括对计算机的硬件、软件及数据库技术的学习与掌握,对计算机的熟练操作能力。

信息技术素养与信息素养有着紧密的联系,也有着许多重叠的地方,但是信息素养的内涵要更宽泛,其侧重的是能够根据工作、生活和学习的实际需要获得信息、处理和加工信息、交流信息和表达信息的能力。信息技术素养是拥有信息素养的人必备的素质之一,在信息化社会,信息量大、知识更新快且知识的存储与交流过程中数字化程度越来越高,因此,只有掌握一定信息技术素养的人才能熟练运用各种信息技术技能。

教师信息技术素养主要包括各种信息知识、信息能力、信息方法、信息技术和媒体技术等,如果信息时代的教师不具备上述能力,就很难胜任信息时代的教育教学工作。

首先,现代教育要运用多种现代教学媒体和开发各种现代教育资源进行教学,若不具备相应媒体技术、信息技术的工作方法与思想方法,教师就会很难适应信息时代的教学工作。

其次,现代教师要掌握运用现代媒体进行教育教学活动的工作方法。如果只有应用现代教育媒体的意识,而不能很好地将其运用在教学实践中,那么就不可能很好地发挥现代媒体的优势,提高教学效益和教学质量。

最后,当代教师还应具备信息化教学设计能力,将信息技术、信息资源和课程内容有机整合,构建新型的教学方式,在信息化教学环境的支持下,组织学生自主学习,应用网络交互工具开展互动交流,培养学生主动学习的能力与创新学习的能力。

# 第二节　信息时代学习方式变革:自主、合作、探究

信息时代的到来不仅迅速改变着人们的生活方式、生产方式和思维方式等,也在全球引发了一场"学习方式的变革"。学习者从传统的接受式学习转变为主动学习、合作学习和探究学习。

# 一、自主学习方式

自主学习是就学习的内在品质而言的,是指个体学习者在总体学习目标的宏观调控下,在教师的指导下,根据自身条件,自主确定学习目标、学习计划,选择学习方式,监控学习过程,评价学习结果的学习模式。与之相对的是被动学习、机械学习和他主性学习。

## (一)自主学习方式的特征

自主学习方式打破了传统的以教师为中心的教学观念,树立了学生的学习主体地位,与传统的接受式学习方法有着鲜明的区别:

### 1. 主动性

这种主动性是相对于他主动学习时的被动性而言的,主要表现为学生"我要学",是学生基于内在需求而产生的对学习的兴趣和欲望,直接来源于学习主体,通过自己确定学习目标、制订学习计划,管理自己的学习活动,并且认为学习是对自己的不断完善和提升,是一种愉快的体验。

### 2. 独立性

这种独立性是相对于依赖性而言的,主要表现为"我能学",是指学生独立学习的能力。自主学习是把学习建立在人的独立性的一面上的,要求学生在学习的各个环节和整个过程中尽可能摆脱对外界的依赖,自己选择合适自己的学习方法和学习策略,独立思考,自行研究。在理想的教学中,教师应该促使学生的学习从依赖走向独立,培养学生的独立学习能力,使他们能适应社会的需要,为终身学习打下良好的基础。

### 3. 自控性

自控性主要表现为"我会学",学习者对为什么学,能否学,学习什么,如何去学等问题有自己的意识,能对自己的学习方法、学习进度进行自我调控,自我指导,自我强化,并对学习结果进行自身评价和总结,即在学习活动开展之前,确定学习目标、制订学习计划、选择学习方法,做好学习准备;在学习活动中,能够对自身的学习过程、学习态度及行为进行观察并自我调整;在学习活动后,能够对学习的结果进行自我检查和总结,并进行自我补救。

### 4. 相对性

相对性是指自主学习的自主性是相对的,不是绝对的,绝对自主和绝对不自主的情况比较少,大多数学生都是介于两者之间。在学习过程中,有些是自主的,有些是不自主的,这与学校教育的局限性相关,如学习内容、时间等,这些因素不能由学生自己决定,在现实教育中,学生不可能完全摆脱对学校和教师的依赖。

## （二）自主学习方式的目标

### 1. 发掘内在学习动机

自主学习的过程是学生主体性得以充分凸显的过程,学生根据自己的兴趣、爱好选择学习任务和学习方式等,让其能体会作为学习主人的乐趣,提升对学习的兴趣。当通过自己的努力完成学习任务时,学生由内而外的成就感也会促使其保持持久的学习动力和激发内在的学习动机。

### 2. 培养良好的学习态度

学习态度是指通过学习形成的影响个体行为选择的内部状态。学习者通过自主学习并取得成功时,积累了内心愉快的体验,从而增加其对学习的兴趣,这种兴趣经过长时间的累积便会逐步演化为一种稳定的状态,进而形成不怕困难、不怕挫折、坚持不懈的坚强学习意志。

### 3. 培养较强的学习能力

在进行自主学习的过程中,学习者通过自主确定学习目标、计划等一系列学习活动,提高了其发现问题、解决问题、总结问题的能力,并形成各种有效的适合自己的学习策略,锻炼了对自主学习过程的调控能力。

## （三）自主学习过程中,教师如何定位

教师要从思想上和行动上关心学生、理解学生和帮助学生,使学生树立正确的学习态度和获得正确的学习方法。

### 1. 教师要善于引导学生做好学习活动前的准备工作

自主学习之前,学生要做好学习准备活动,包括选择学习内容、确定学习目标、制订学习计划等。

传统的教育模式限制了学生的思维,对教师产生了强烈的依赖感,这给自主学习的实施带来一定的困难,教师应该引导学生逐步走上自主学习的道路,培养自主学习的能力。另外,不是所有的学习内容都适合开展自主学习,教师应根据教学内容的特点、教学目标等有范围地开展自主学习并指导监督学前准备活动的进行,以避免学生在完全自主的情况下的盲目性和随意性,如学习目标过高或过低,学习计划过紧或过松,执行计划的惰性等。

### 2. 教师要适时调整学生的学习进程

学生进入自主学习的实施阶段后,要对学习进度、学习方法等作出自我调控、反馈和评价。鉴于学生的自我监控能力较弱,易受外界影响,教师要在适当的时候给予帮助。在自我监控过程中,自主学习能力不强的学生容易产生懈怠情绪,使学习过程不能顺利进行,此时,教师需要通过一些教学技巧,激发学生的学习动机,从而促使教学活动在学生自己的监控下继续进行。在反馈和评价阶段,学生要对自己的学习效果主动进行判断和评价,此时,学生容易受到不理想学习效果的影响,

产生消极情绪,教师在这一阶段需要帮助学生排解不良情绪,帮助其恢复自信,引导其将学习进行下去。

3. 教师要辅助学习者正确完成对学习结果的评价

自主学习过程是由学生独立控制的,由于自身能力有限及其他主、客观因素,很难避免学生对学习结果产生错误评价,而评价阶段是对整个学习过程的一个重要反馈阶段,对指导学生的学习至关重要,因此,教师在这一阶段要积极参与,对错误的结果进行引导,并提出容易出错的地方,引起学生注意。自主学习并非完全学生自主,教师要在关键时刻充分发挥主导作用,在确保学生自主的条件下取得良好的学习效果。

## 二、合作学习方式

所谓合作学习是相对于个体学习而言的,是指学生在小组或团队中为了完成共同的任务,有明确的责任分工的互动性学习。合作学习要求每个学生学会同其他合作伙伴的配合,既积极主动完成自己负责的任务,又善于融入团队的整体工作,互动交流,协同完成任务,共同提高,培养学生的合作精神。

### (一)合作学习方式的特征

与自主学习不同,合作学习更加注重交流和合作,包括学生与学生、学生与教师之间的交流与合作。使其具有不同于传统意义上的学习方式及特点。

1. 合作性

合作学习通常采用小组合作的方式进行,通过生生之间、师生之间交流与合作,相互促进,完成学习任务。在制订教学目标和策划如何完成学习任务的过程中,学生有充分参与的权利,并且参与对学习结果的评价,这一特征表明,学生与教师的权利开始共享,并进行师生之间的合作。

2. 探究性

合作学习中常用的方式是讨论与交流,在此过程中,学生尝试发现问题、提出问题并解决问题,这是对学习任务进行探究的过程。探究的过程激发学生的兴趣和欲望,学生通过积极参与学习活动、主动思考、勇于尝试不同的解决方案提升了学习能力。

3. 创新性

合作学习的目标之一就是培养创新型人才,教师提出开放性的问题或制订开放性的学习任务,发挥学生的积极主动性,对问题或学习任务提出独创见解和解决方案。

### (二)合作学习方式的目标

合作学习是一种目标导向活动,主要表现以下几个方面:

### 1.认知目标

合作学习强调通过学生之间的合作性互动,提高学生的学业成绩,尤其是小组合作活动汇总,成员之间相互交流、彼此探讨、取长补短、共同提高,高效完成学习任务,培养良好的认知品质。

### 2.技能目标

技能目标主要是指合作的技能,包括学会倾听、学会表达意见和想法、学会沟通及人际交往等。培养和锻炼学生的这些技能是必要的,否则学生会因为合作技能的缺失而无法进行合作,从而影响到合作学习的进展,降低学习效果。

### 3.情感目标

合作学习认为学习是满足个体内部需要的过程,只有满足了学生对归属感和影响力的需要,他们才会感到学习是有意义的。正如研究者所讲的那样:"在教学目标上,注重突出教学的情意功能,追求教学在认知、情感和技能目标上的均衡达成。"基于这种认识,合作学习将教学建立在满足学生心理需要的基础之上,使教学活动具有浓厚的情意色彩。从合作学习的整个过程看,其情意色彩渗透于教学过程的各个环节之中。尤其是在小组合作活动中,小组成员之间可互相交流,彼此争论,互教互学,共同提高,既充满温情和友爱,又像课外活动那样充满互助与竞赛。同学之间通过提供帮助而满足了自己影响别人的需要;同时,又通过互相关心而满足了归属的需要。由此可实现认知、情感与技能教学目标的均衡达成。

## (三)合作学习过程中,教师如何定位

传统的教学活动中,教师是课堂教学的中心,是知识的来源者、传递者和评价者;在合作学习中,教师的角色发生了变化,教师成了学生学习的合作者、促进者和指导者,教师与学生共同学习,相互促进。

### 1.教师应参与学习内容的确定过程

学习内容过难、过易都不利于合作学习的开展,过难会让学生产生消极情绪,挫伤学习的积极性,过易则失去了合作学习的意义。因此,教师有必要参与到学习内容确定的环节中来,提供必要的指导,帮助学生正确估计自己的学习能力,逐步引导其学会选择合适的学习内容。

### 2.教师应对分组进行指导

合作学习的分组成功与否直接影响学习的效果,研究表明,合作学习主要采取"组内异质、组间同质"的分组形式,不仅能为组内同学的互助合作提供可能,也为公平竞争提供了可靠的保证。教师应根据平时对学生的了解,综合学生在成绩、性格、兴趣等方面的不同,按照"组内异质、组间同质"的原则对分组进行指导。

### 3.教师应对合作学习的过程进行指导并参与对学习结果的评价

合作学习的形式不仅是学生之间的合作,还有师生之间的合作,教师应积极参与到合作学习的过程中,提供相应指导,避免出现因难度过高而产生消极应付的

情绪。

对合作学习结果的评价是合作学习中的重要环节,不同的合作方式其评价方式也是不同的,常用的评价方式包括自我评价、小组评价、教师评价及三种评价相互结合的方式。自我评价充分发挥学生自身的主观能动性,有利于学生加深对合作学习的理解,有利于合作学习能力的提高。小组评价是组内成员展开讨论及对其他小组成员的评价,客观积极的组内评价,有利于发现合作学习的不足,从而采取措施,提高合作学习的效果。教师评价是从宏观角度出发对整个学习的过程和学习结果的评价,有利于协调合作学习的各个环节,同时,应充分肯定每个学生的优点,给学生树立信心,激发参与合作学习的积极性,也要指出需要改进的地方,帮助学生尽快成长。

## 三、探究学习方式

所谓探究学习是指在学科领域或现实社会生活中选择和确定研究主题,在教学中创设一定的情景,通过学生自主独立地发现问题、实验、操作、调查、搜集与处理信息、表达与交流等探究活动,使知识、技能、情感、态度道德发展,特别是探索精神和实践能力的发展的学习方式和学习过程。

### (一)探究学习方式的特征

探究学习强调学生是学习的主体,通过学生研究式、协商式、合作式的主动学习行为,完成对学习内容的探究。它具有以下特征:

1. 问题性

问题是开启探究学习的起点,在探究学习中,提出的问题要对学生具有挑战性和吸引力,激发学生解决问题的欲望,如果没有强烈的问题性,探究活动就很难进行下去。学生的探究学习过程是一个发现问题、提出问题、分析问题和解决问题的过程,在此过程中要保持一种怀疑、困惑、探究的心理,逐步形成稳定的问题意识。

2. 体验性

探究学习强调学生的自主性,培养学生的自主能力,保护学生自主参与学习的积极性,要求学生自主独立发现问题、提出问题、分析问题和解决问题,每一步都需要学习者主动参与、亲自体验、主动思考,以获得深层次的情感体验,学习活动不再是被动吸收书本知识或者现成结论,而是一个学生亲自参与的学习过程,是一种主动的、有意义的探索过程。

3. 开放性

与接受式学习的学习目标单一化、学习过程程序化、学习评价标准化不同,探究学习具有开放性的特点:学习目标多样化,追求知识技能、情感态度和价值观整体提升;学习过程个性化,追求学生在探究过程中获得丰富多彩的学习体验和个性化的创造性表现;学习评价多样化,注重多远评价,评价主体不仅仅是教师,还有学生,不仅对结果评价,也注重多过程的评价,且评价的标准也有不同。

（二）探究学习方式的目标

探究学习的目标具有多样性,它把学生的发展作为学习的终极目标,使学生获得亲身参与探索的体验,培养学生发现问题和解决问题的能力,培养学生搜集、分析和利用信息的能力,让学生学会分享与合作,培养学生的科学态度和科学道德,培养学生对社会的责任心和使命感。

（三）探究学习的过程中,教师如何定位

在探究学习的过程中,学生是学习活动的主体,教师的作用也不容忽视。

1.教师应积极组织探究活动

教师应积极组织探究活动,除了积极参与探究活动的开展,帮助解决探究过程中出现的问题,还应积极组织学生发现、寻找、搜集和利用学校资源,创造适宜的学习活动情景,经历不同的情感体验,帮助学生提升发现问题、解决问题的能力。

2.教师应辅助指导探究活动的顺利开展

探究学习没有标准答案,在学习活动进行的过程中,会出现各种障碍,因此,无法预料学习进行的程度和结果,教师应在探究活动开展之前对整个活动可能出现的困难做到心里有数,并在这个过程中帮助学生树立信心,指导学生解决问题,适时引导,激励学生继续探究。

3.教师应参与探究学习活动的评价

探究学习的目的是促进学生探究水平的不断发展和提高,培养科学精神、态度及素养,教师要从更高的高度来评价探究学习活动,不能把探究结论或结果是否正确当做唯一的评价指标,要对探究学习活动的各个方面、各个角度进行综合的过程性评价和结果性评价,促进探究活动的继续进行。

# 第三节　信息技术支持的高效课堂教学改革

进入 21 世纪以后,由于通信技术和计算机网络技术的不断突破,因特网的普及及 E-Learning 的发展,信息技术不仅成为人类拓展能力创造性工具,而且极大地拓展教育的时空界限,提高了人们工作、学习的效率和能动性。先进的技术使得教育资源得到更充分的共享,学习的选择性和公平性也大大提高,从而促进了课堂教学改革的实施。

信息技术正在以其强大的生命力发挥着独特的优势,已成为当今社会不可缺少的知识来源,并且正在影响着我们的学习、生活和思维方式,作为一种技术手段,信息技术既应用于教师的教也影响着学生的学。2001年教育部颁布的《基础教育课程改革纲要(试行)》中第11条明确规定:大力推进信息技术在教学过程中的普遍应用,促进信息技术与学科课程的整合,逐步实现教学内容的呈现方式、学生的学习方式、教师的教学方式和师生互动方式的变革,充分发挥信息技术的优势,为学生的学习和发展提供丰富多彩的教育环境和有力的学习工具。

## 一、信息技术对教育教学的冲击

信息技术对教育教学的冲击是前所未有,传统教育正面临着严重挑战,信息时代给教育注入了新的生机和活力,对教育产生了更高的要求,因此,必须正确积极地看待挑战,从而适应信息时代的教育形式。

1. 信息时代教育的巨大变化

信息时代的教育与传统相比,在教育教学的观念、内容、手段、方法和模式等方面都在发生着质的变化。

(1)信息时代学校的变化。信息技术的发展与应用,推动了优秀学习资源的共享,学校变得越来越开放,越来越多的公益组织机构及个人参与到优秀资源的共享过程中来。如常见的开放课程资源:OCW、网易公开课、CORE 等。

(2)信息时代教师的变化。随着学生获取知识的途径多样化,教师知识权威性受到巨大冲击,学生可通过网络、电视、手机等多种渠道获取优秀的学习资源,教师已经不再是教学的中心,由原来的讲解者和知识传授者转变为指导者、专家顾问和研究者,从另一个角度来说,教师也成了学生的资源,是学习者主动建构知识体系的帮助者。

(3)信息时代学生的变化。信息时代的教学是以学生为中心的教学,学生对知识的获取由被动接受变为主动获取、主动建构的过程。在信息化教学环境中,信息是开放共享的,知识信息的组织形式是一种非线性的网状结构,学习者可通过多种方式随时搜索自己需要的信息。学生的学习过程是灵活多变的,可随时随地与其他学习者交流、讨论,或通过教师的指导、小组的合作共同完成其学习任务。

2. 信息技术在教学中的功能

以现代信息技术发展为基础的多媒体网络技术已经成为教育现代化和提高教学质量的主要手段。信息技术的教学功能表现在以下五个方面。

(1)扩展功能。在学科教学过程中,应用现代信息技术,不仅能使教学更加规范化,更能增加教学例证的数量和范围,扩展学生学习活动的空间。

(2)强交互功能。在信息技术支持下的交互具有交互对象多样、内容丰富、主动、个性化等特点。随着远程教育的发展,学生已经从被动学习转为主动求知,对于知识点的学习可通过 BBS、邮件等方式跟老师或同学进行交流和讨论,既改变了学习形式又提高了学习的质量。

(3)外化功能。不同的学生在学习过程中,由于各自背景知识和认知能力的差异,存在着各种与自身认知之间的矛盾。作为认知工具使用的现代信息技术能够将学生的这种矛盾外化,以清晰的方式表现出来,学生便可选择自己喜欢的学习方式和交互方式进行交互学习,使认知矛盾和问题以一种开放的、共享的形式呈现出来,通过讨论等途径得到解决。

(4)形象化功能。现代信息技术媒体作为传递信息和经验物质手段,具有一定的物质形式,可以以声音、图像、动画等形式来传递教学信息。另外通过多媒体技术进行情景化、形象化处理,创设虚拟教学场景,一些非常抽象的概念形象地呈现给学生,使教学更加生动、形象,从而更好地引发学生主动学习的动机。

(5)和谐功能。通过现代信息技术的运用,扩展了学习主体学习活动的空间,消除了传统教学的地域局限性、知识局限性,使学生的主体思维空间得以最大化,同时,在教学过程中,充分应用现代信息技术能促使学习主体与知识内容、教师之间的关系达到协调,从而消除传统教学中教学活动的各种潜在矛盾。

(一)树立现代教育观

教育必须走向民主化、终身化、个性化、多样化和国际化。民主化意味着教育机会均等,面向所有需要接受教育的对象。终身化是指教育要走向学习化社会,为每个人提供终身学习的机会,满足终身学习的需要。个性化提倡为不同的学习者创造相应的条件,使每个人得到相应的最大发展。多样化则是为终身教育及个性化教育提供机会和条件。国际化是指教育要面向世界,拓展教育空间,实现本土化和全球化教育的融合。

(二)树立现代教学观

教学不再是简单的传授知识,而是要教会学生如何利用资源去学习。知识不再局限于书本,由网络带来的资源更加丰富,更加全面。教学要全面培养学生的多种能力,如学习能力、信息能力等。

(三)树立现代人才观

教育应该致力于培养具有高度创新能力和使用信息化手段获取知识和更新知识能力的高素质人才,而不是知识型、模仿型人才。只有富有创造精神而又学会应用现代信息设施的人,才具有最强的创造力,才能通过有效使用信息,在创造性活动中取得事半功倍的效果,才能成为真正意义上的人才。

(四)树立现代师生观

学生不再是被动的接受知识,而是认知的主体,意义的主动构建者,教师是学生意义建构的指导者、帮助者、激励者和设计者,师生之间是民主、平等的关系,同时师生之间也是"大树"和"果实"的关系,教师就像一棵树一样,在孕育了一茬又一茬果实的同时,也壮大了自己,教师与学生从某种意义上说站在同一起跑线上,在教学中共同发展。

### (五)树立现代学习时空观

学习不再受时间、空间的限制,学生可在任何时间、任何地点通过电脑网络进行自我监督的学习,通过网络或者电子课堂听课,也可选择自己需要的课件学习。

## 二、信息技术促进学习方式的变革

随着信息技术的飞速发展,信息量的激增以及信息传递速度的加快,学生不再只是简单地掌握知识和技能,而是需要掌握学习方法、思维方式,学会与人协作,具备良好的信息素养,传统的学习方式已经无法满足信息时代的要求,在信息技术支持下的信息化学习方式将引领信息时代学习的新潮流。

### (一)多媒体技术与多媒体学习

多媒体技术将信息以文本、图形、图像、音频、视频、动画、三维模拟呈像等形式表现出来,为学习者营造一种"真实情境",引起学习者的注意,调动学习者的多重感官,使学习者能利用已有的认识结构中有关的知识经验去理解当前学习的新知识,赋予知识以某种意义。

多媒体提供多样化的学习方式,如个别化主动学习,学习者可根据自己的兴趣、爱好、知识经验、任务需求和学习风格来使用信息,选择自己的认知环境。信息技术最大价值在于让学生获得学习自由,并提供自由学习,探索不受约束的条件、空间,为多媒体学习提供了物质条件和技术保证。

### (二)虚拟现实技术与仿真学习

虚拟现实技术是计算机硬件和各种传感器所创设的多维信息交互系统,它汇集了多媒体技术、人机接口技术、传感器技术、人工智能、人体行为学等多项技术,是对计算机技术的综合应用。

虚拟现实技术运用计算机图形、声音和图像创造逼真的情境,学习者处于其中,就如同置身于真实环境中,产生身临其境的感觉和体验,可像在真实的现实世界中一样与虚拟环境中的人和事相互作用和交流信息。虚拟现实技术提供仿真性的探索环境,让学习者解决真实问题,使学习者在虚拟环境中进行逼真度与现实差异不大的模拟练习,获得在真实情况下无法获得的感性体验和真实感受。

### （三）泛在计算与泛在学习

泛在计算将彻底改变"人使用计算机"的传统方式，不再强迫人们必须使用键盘或鼠标等设备去操纵计算机，而是以人为中心，将计算机嵌入人们生活和工作环境中，提供任何人、任何地点、任何时候都能访问任何计算机的人性化服务。泛在计算应用在教育领域将给学习方式带来重大变化，为学习者随时随地进行学习提供了便利，学习者可使用任何终端按照自己的时间和步调进行学习，这就是泛在学习。在信息技术支持的泛在学习环境中，学生根据各自需要，在多样化的空间，以多样化的方式获取学习资源，即所有的实际空间都成为学习的空间，实现 4A 学习（Anyone，Anytime，Anywhere，Anydevice）。

## 三、信息技术促进教学方式的变革

信息时代的人必须不断学习新知识，才能在不断发展变化的社会中立于不败之地，只有比你的竞争者学得快，才能保持竞争优势，因此教育必将走向终身化。信息技术发展为学生创造出一种发现性、探索性、交互性、个别性、创造性学习环境，它所提供的物质基础和带来的观念变化，产生了新的教育理论和教育思想，为教育腾飞准备了条件，也必将带来教学方式的变革。

传统的教育方式以课堂教育为主要形式，以教师为教学主导，以文字化的教案为授课内容，进行面对面的正规教学。现代信息技术的发展使之得以创新，在传统的面对面教学的基础上，在像原来那样采用文字教案的同时，教师开始利用备课系统和教学工作支持系统，筛选与授课内同有关的信息制成 CAI 课件，学生也可自主制作 CAI。

信息社会是一个学习化社会、学习社会化、社会学习化，学习资源的多样性、开放性和共享性，为教学革新提供了坚实的基础条件，各级各类学校普遍采用信息技术改进传统教学方式，在信息技术的支撑下，教学手段多媒体化、教学方法多样化，教学不再限定于狭小的空间，个别化和交互式的网络教学成为一种重要的方式。

网络教学已逐步成为信息社会不可或缺的教学方式，其基本的方式有网上异时教学和网上实施教学两种。

**网上异时教学**。在这种教学方式下，教材通常是被组织成超文本和超媒体链接结构，学习者可通过网上浏览获取的学习材料进行自学，通过网络或其他异步通信工具向老师提问，与学习伙伴进行讨论。

**网上实时教学**。在该种方式下，师生通过网上视频会议系统、聊天室等同步通信工具来传递教学信息或进行讨论。

这种网络教学的方式使得学习者足不出户就可上网获取信息、进行学习，极大地提高了人们学习的自主性，同时网络教学的方式也扩大了教育资源共享面，从而提升了教育公平的程度。

## 四、信息技术促进师生角色及互动方式的变革

在信息技术和有关教学理论的指导下,教师和学生的角色正在发生变化,师生关系逐渐向伙伴关系转换,教师和学生之间是一种民主平等、尊重和谐、合作对话的师生关系,在人格上是平等的,在交互活动中是民主的,相处氛围是和谐的。

学生从传统的知识接受者,从一个接受的、复述的和指令性的学习者变成具有建构的、交流的、阐释的、协作的和反思的学习者。教师从过去单纯的知识传授者和灌输者,从教学的中心地位变成:

### 1. 课程的设计者和开发者

信息时代的教育系统中,教师作为课程的设计者和开发者十分重要,由于社会各方面发生了显著的变化,课程和教学范式不可避免地发生了很大的改变,教师应以现代教育技术和现代教学理论为基础进行课程开发,确立课程设计的指导思想,对知识进行重新认识和定义,改革传统的课程内容,以一系列新技能为基础来改革课程的结构和课堂的教学风格。

### 2. 课程的协商者、合作者

以计算机网络为特征的信息技术把跨学科领域链接起来,形成一个全球化课堂,他们支持地理上分离的研究单位、学科以及个体之间的合作,提供更公平地获取专门知识、信息和工具的途径,在课程的设计、开发中,教师与课程管理者、教师之间、师生之间相互协商,建立新型的合作关系。在教学准备过程中,不同国家和地区的教师可一起合作,设计课程,讨论教学方法和教学模式的革新,交换意见,分享经验,讨论难题的解决办法。教师还可通过网络与学生建立学习社区,共同合作进行项目研究,进行正式或非正式的交流,开展讨论、争辩、探究,分享他人的经验和知识,促进学生在合作的学习环境中发展批判性思维和创造性思维的能力。

### 3. 课程的理解者、研究者

教师是课程的理解者,教师有自己的课程观念,有自己的工作和生活情境,这些都影响教师对课程的实施。教师基于现代教育技术从繁重的教学工作中解放出来后,可有更多的时间和精力从事教育科研,教师应实现由教书匠到研究型教师的角色转换,研究信息时代学生学习的特点和规律,研究创设不同的学习情境会对学生的学习产生怎样的影响,研究如何利用新技术提高学生发现问题、解决问题的能力等,并对网络提供的教学材料进行研究和评价,并加以改善,总结概括出不同课程教学中的重点、难点以及学生学习某门课程经常出现的疑点和难点,为设计制作多媒体教材提供相应的资料和数据。

除此之外,教师在与学生的伙伴、和谐、民主的关系中还承担了"指导者""参与者""促进者"的角色。

　　同时,信息技术活跃了师生的互动方式,课堂教学的精髓在于师生之间相互交流、相互影响,基于信息技术与课程的整合,课堂教学成为生气勃勃、动态的课堂,在整个教学过程中,由教师起组织者、指导者、帮助者和促进者的作用,利用情境、协作、会话等学习环境要素充分发挥学生的主动性、积极性和首创精神,通过信息技术的特点,实现师生之间的双向交流,如电子邮件形式提交作业、批改作业、网上答疑,以 BBS、QQ、Blog 等进行集体讨论,实现师与生、生与生、教师与教师之间的交流互动、共享学习成果。

## 五、信息技术促进学习资源的变革

　　传统教学活动在学习资源的获取上相对困难,资源单一,主要是教科书、教师、教辅资料、老式的教学设备以及简单的试听教材和投影资料等。并且人力资源、学习工具以及现实中的各种真实资料和一手资料则更为稀少,抑制了教学活动的有效性,从而导致教学的深度与广度得不到拓展,使教学活动受到限制。

　　信息技术的运用,使学习资源载体多样化、显示方式多媒体化、内容组织结构的非线性化、传输网络化和共享化,正如一位教师所说:"网络技术在教学中的应用,使学习资源的内涵发生了很大的变化,过去'教材是世界',现在'世界是教材'。网络为我提供了一个最大的电子图书馆,增加了无限的'超文本资源',使我的教学资料来源不断地向立体的、多样的方向发展。因此,便将网络中的多种学习资源有机地融合到我的学科教学中,实现学习资源的扩大化和最优化。"

　　可见,信息技术在社会各领域的广泛应用带来了信息的多源性、可选性和易得性,彻底打破了过去历史条件下的局限对学习资源的封闭与垄断的状况,全球资源得到充分利用和共享,教育将从传统的学校走向社会,走向家庭,走向一切存在信息技术的地方,使任何地方的任何人都能够突破时空的限制,接收到由最优秀的教师教授的最好的课程,信息技术的发展,为各年龄阶段的受教育者提供了极为丰富的学习资源,使每一个人都有可能自主地选择自己的学习目标、学习内容、学习方式、学习时间和学习地点,使个性化教学和学习成为可能。

## 六、信息技术促进教学环境的变革

　　现代信息技术使单调枯燥的教学环境向多样化、新颖化迈进。多功能教室配置有先进教学设备和多媒体计算机设备,即信息的接受和输入装置,可连接校园网和因特网以及显示设备和声音、图像控制设备,在教学中组成一个图文声像并茂的教学信息呈现系统,对多媒体信息进行获取、加工、处理和展示,从而突破了有限课堂教学时间和资料限制,向学生展示大量信息,除了课堂教学环境之外,还包括实验教学环境的变革,虚拟实验室的出现,为自然科学基础教学创造了仿真和模拟的教学环境,给实验室教学环境带来了革命性的变化。现代信息技术所引起的课堂和实验教学环境的变革,既有助于促进教师开展创新教育,提高教学效率,也有助于学生在短时间内获得最大的知识量,提高学习效率。

# 第四节　信息技术与中小学教师专业发展

自 1996 年联合国教科文组织与国际劳工组织在《关于教师地位的建议》中提出应当把教师职业作为专门职业来看待以来,教师专业发展日趋成为人们关注的焦点和教育改革的主题。2000 年我国出版的第一部对职业进行科学分类的权威性文件《中华人民共和国职业分类大典》,首次将我国职业归为八大类,教师属于"专业技术人员"一类,自此,教师专业化发展在我国得到全面关注与实施。在当前信息化环境中,教师专业发展也有了新内涵,呈现出一番新景象。

## 一、信息技术与教师专业发展

随着教育改革的进行,教师专业发展已成为世界各国教师教育发展的共同目标,在信息技术条件下,教师教育开始走向信息化,教师专业发展的各个方面和各个阶段都深受信息技术的影响。

### (一)教师专业发展内涵

对于教师专业发展,国内专家、学者有不同的理解,代表性的观点有"教师作为教育专业人员,要经历一个由不成熟到相对成熟的发展历程。成熟是相对的,发展是绝对的;教师专业发展空间是无限的,发展内涵是多层面、多领域的,既包括知识的积累、技能的娴熟、能力的提高,也涵盖态度的转变、情意的升华","教师专业发展是教师在专业素质方面不断成长并追求成熟的过程,是教师专业信念、专业知识、专业能力、专业情意的不断更细、演进和完善的过程,教师专业发展伴随教师一生",等等。

另外,还有学者从两个层面对教师专业发展的内涵进行了归纳,认为教师专业发展一方面强调教育教学中教师的自我觉醒意识,认识到教师是履行教育教学工作的专职人员,有特定的行为准则和高度的自主性,而且教师需要长期的培训;另一方面是指如何增进教师专业化,提高教师职业素养的过程。教师专业发展是贯穿在整个职业生涯过程的,但又不仅仅是时间上的延续,更是教师心理素质的形成与发展过程,即教师的职业追求、信仰、需要、职业能力的发展变化过程。

从上述关于教师专业的内涵可看出,教师专业发展是以教师个人成长为导向,以专业化或成熟为目标,以教师知识、技能、信念、态度、情意等专业素质提高为内容的教师个体专业内在动态持续的终生发展过程,教师个体在此过程中主体性得以充分发挥,人生价值得以最大限度实现。教师专业发展具有以下特点:

1. 专业发展的自主性

这是教师专业发展的前提和基础。教师在设计课程、规划教学活动和选择教材时,应有充分的自主性;教师应具有自我专业发展的意识,把外在的影响转化为自身专业发展过程中的动力。

2. 专业发展的阶段性和连续性

研究教师专业发展阶段性有助于教师选择、确定个人的专业发展计划和目标;教师只有不断进修和研究,以终生学习为基本理念,才能不断促进自身的发展,以确保教学的知识和能力符合时代的需求。

3. 专业发展的情境性

教师的许多知识和能力是靠个人经验和对教学的感悟而获得的,教师应该不断反思自己的教育教学理念与行为,不断自我调整、自我建构,从而获得持续不断的专业发展。另外教学情境具有不确定性,教师的专业发展必须与教学情境相联系,在学校中建立相互合作的文化氛围,促进教师的成长。

4. 专业发展的多样性

教师工作包括观察学生、创设学校情境、组织教学活动、训练学生、评价学生学习等多种活动,教师专业发展体现在这些不同的活动中,因此,应注重教育知识、技能层面的发展,也应兼顾认知、技能、情意各方面的成长。

（二）信息技术对教师专业发展的影响

在信息技术高度发展的今天,信息技术与教育的结合,无论是在广度上还是在深度上都实现了空前的优化。利用信息技术整合课堂教学,开发网络课件,开展网络远程教学,都无不显示着信息技术在教育中的重要影响与功能。作为学校关键支持动力的教师队伍的发展与建设,决定着教育改革成效的高低。

在信息技术条件下,教师专业发展的重要性已经越来越突出,越来越迫切,而如何在现代教学环境下实现教师专业发展,提高教师队伍素质,更是人们关注的焦点。信息技术为教师专业发展提供支持,是教师专业发展的动力。信息技术能为教师提供多种形式的教师培训,促进教师的知识更新。另外,信息技术为教师专业发展提供最佳平台,它不仅是基础性平台、资源平台,更是教师专业发展的实践平台和终身发展平台。

信息技术的发展要求教师努力实现专业发展,而信息技术又为教师专业发展提供了广阔的前景、丰富的资源和最佳的发展平台。先进的技术支持和有利的条件为在信息技术环境下推进教师专业发展,提供了有力保障。

## 二、信息技术对教师专业发展的支持与促进

如前所述,信息技术已成为促进教师专业发展的原动力,同时也为教师专业发展提供充足的条件,使之得以更好的实现。多媒体计算机和网络技术、丰富多彩的网络学习资源、大量新媒体和技术的涌现,以及多种学习教学工具和平台的不断投入使用,为教师专业发展提供了更大的自主性和灵活性,为教师的合作交流、行动学习、研究性学习、终身学习等提供更好的服务和更有力的保障。

### (一)利用信息技术促进教师个体发展

信息技术对教师个体专业发展最明显、最直接的影响是,它不仅可成为教师个人的认知工具,还可帮助教师对其专业发展进行反思和实践,同时支持对其发展过程进行管理,提高绩效。

1. 信息技术作为教师个人专业发展的认知工具

信息技术能强化教师专业发展意识,信息技术在教育教学中的应用,使教学无论从教学理念、教学模式、教学方法和教学策略等方面与传统教学都有较大差别,这对教师提出了很多新的、更高的要求,使教师职业更加专业化。信息技术促进教师意识到教师专业发展的必要性和紧迫性,从而促进了教师专业发展。

信息技术能提供理论指导和技术支持,为教师的个人学习和发展提供资源支持。在信息技术环境下,各类工具性软件、社会性软件、个人知识管理工具等都能支持教师专业发展,如 QQ、E-mail、Blog、Wiki 等交流工具以及基于网络的虚拟学习环境。这些软件工具从信息、资源的搜集获取、个人知识管理、与专家同行的交流等方面为教师个人的学习和进步以及知识更新带来极大的便利,同时信息技术的发展能创造良好的信息技术环境,为教师提供终身学习平台,这些对教师个人专业发展具有积极作用。

2. 信息技术促进教师对其专业发展进行实践与反思

根据波斯纳的教师成长公式"成长=经验+反思"可知,反思对教师改进自己工作有独特的作用,也是教师获得专业发展的必要条件和重要方式。一般来说,反思可分为三种类型:

第一种类型是叙事式。教师把自己的经历和观念记录下来,以一个反观者的角色来思考,寻找自己这些观念背后的"内隐观念",再来检查自己的观念是否有成立的根据。

第二种类型是反思实践。教师在"实践中"反思自己的行为和观念,在"实践后"回顾反思自己的实践,对整个过程进行反思。

第三种类型是行动研究式。教师以行动研究的框架来重新认识、改造自己的实践。

信息技术可以为各类反思和实践提供有利的技术支持,如教师可利用 Blog、BBS 等平台进行教育叙事研究与反思,对自己的教学活动过程进行思考,发表自己的教育见解,在总结经验的过程中提高自己,在听取同行、专家意见,借鉴他人经验的过程中不断完善自己,在与专家平等对话、教学相长的过程中不断成长。因此,依托网络等信息技术条件可突破时空限制,使教师之间能学习合作和经验交流,教师与专家之间能自由对话。在行动研究中,信息技术特别对于资料整理、记录、交流、反思过程具有良好的促进作用。

3.信息技术为教师个人专业发展提供绩效管理支持

教师专业发展管理是指对教师专业发展过程的实施、监督、控制和评价。信息技术对教师专业发展管理的许多方面,如时间、个人知识积累、研究活动等都可提供绩效支持。

对于大多数教师来说,接受全职的教师培训是有困难的,一方面是来自家庭的束缚;另一方面是自身差异很大,学习需求也不同。短期的培训无法满足不同教师的不同的需求,并且学习的间断也不利于教师持续化的专业发展。信息技术的飞速发展给教师教育带来了新的变革,教师专业发展可依托远程教育,通过多媒体课件、网络课程、网络平台等,利用计算机互联网进行远距离的教师培训与教学交流,不断促进教师专业发展。因此,基于信息技术环境下的远程教育成为教师专业发展的有效方式,帮助教师充分利用时间进行学习。

信息技术还可帮助教师管理个人知识和研究活动。教师的个人知识管理主要由知识的获取、整理、存储、共享和创新几个环节构成。数字技术的发展为个人知识管理提供了多种支持工具,知识管理的各个环节构成一个连续循环的环路,在这个过程中,教师将个人知识加以整理,并在与他人分享经验与教训的同时,积极吸收他人有价值的知识,充实自己,通过知识的共享与交流,达到个人与集体的共同成长。教师知识的实现来自于教育实践,通过实践不断调整知识体系,使知识的具体使用与个人实践相结合,从而加速了知识的创新。

(二)利用信息技术促进教师群体专业发展

在信息技术环境下,教师个人专业发展得到良好的支持,主要以个性体现和个人知识管理为主,同时教师又成长在学校环境中,因此,不能忽视学校组织和教师群体的发展对个人发展的作用。一个群体的好坏将直接决定个人的发展状况,通常需要密切关注教师组织与群体的发展状况,在学习或者虚拟群体中有效吸收利用其他人的知识和经验、借助协作实现教师群体的共同发展。

信息技术在促进组织内部的协作、促进个人知识向组织知识发展有着巨大的作用和潜力,教师可通过专门设计和开发的虚拟学习环境,以实现教师专业发展的有效协作和群体能力的发展。以 Blog、Wiki 为代表的 Web 2.0 技术的出现与成熟,为信息的发布、比较、理解等过程提供了强有力的支持,实现教师与个体之间、群体之间的协作交流,使知识共享得到最大化,为教师群体专业发展提供有力的保障。

### (三)利用信息技术实现校际协作发展

基于信息技术的校际协作依托的发展环境是在教育领域中广泛运用的信息技术、网络技术与多媒体技术。新技术元素的加入使得协作能够突破以往的发展局限,快速便捷地实现校际协作。同时,关注学校之间的差异性,挖掘其各自的特点,并发挥其积极作用的一面,来促进学习群体的发展,还可协调各个学校之间的差异,并将其转换为有利的学习资源,利用差异开展学习与交流。

利用网络可实现校际或区域之间优质教育资源的共享,各个学校之间的教育资源配置存在一定的差异,特别是偏远山区的学校,其资源更加匮乏。因此,可将国内外优秀的教育资源,如优秀教师授课视频、专家讲座等上传到网络上,借此丰富教师的学习资源,吸收先进的教育理念。一方面可大大减少区域内部不同学校之间资源的浪费;另一方面,可极大地促进区域内部学校优势科目的建设和发展,实现区域内学校在教育方面的整体提高,最终达到区域内教育资源的优化配置,提供教学效率和教学水平。

在信息技术环境下可构建教师群体发展共同体。教师共同体可指其所属学校里的教师按照某种组织组合在一起的正式群体,也可指正式群体之外组建的非正式群体。教师非正式群体既可能存在于教师所在的学校,也可能存在于学校之外。正式与非正式的群体对教师的专业发展都有着重要的意义。教师的成长过程是一个由新手教师向专家教师转型的过程,而教师发展共同体为教师的学习和专业发展提供了丰富的资源,创设了教师对话的交流平台,推动教师反思,也促进教师之间分享专业知识和经验,改善教学实践。通过网络进行跨校之间的教师研讨及集体备课、评课等活动,提升共同体中所有教师的专业素养,促进个人及整个群体的专业发展。

另外,教育部2003年启动的"全国教师教育网络联盟计划"(简称教师网联)是一个优势互补、资源共享共建的大平台,全国的教师都可在这个平台上参加高质量的培训,也可将这个平台看成是一个大范围的教师群体发展的平台。

## 三、信息技术支持下的教师专业发展模式

随着信息技术在教育领域中的普及,诞生了多种新的教师专业发展模式。大致划分为以下三类。

### (一)信息技术与学科教学整合环境下的专业发展模式

信息技术与学科教学整合正成为促进教师自我发展的最为有效的方式。以教学设计作为整合的理论依据,使学科教学过程中设计的各种因素有效地整合在一

起,各种信息技术手段不再是简单的辅助工具,而是学科教学过程中不可缺少的一个重要因素。在这种整合过程中,对教师的专业发展又提出了新的要求,进而形成了新的教师专业发展模式。

在这种专业发展过程中,教师通过信息技术与学科教学的整合过程,一方面提升了自己运用信息技术进行教学的能力;另一方面提升了自己的知识组织和教学管理能力,即提升了自身的信息素养,最终在教学实践的过程中达到专业成长的目的,如图1-1所示。

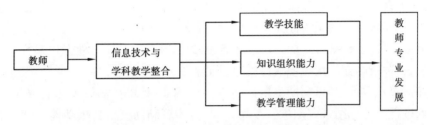

图1-1　**基于信息技术与学科教学整合的过程**

为了能够在信息技术与学科教学整合过程中得到专业发展,教师往往要经过一个螺旋式上升的发展过程。首先,教师应改变自己的教学方法,从以往以教师为中心,学生被动接受知识的教学方法转换成促进学生探究式、协作式和个别化学习的教学方法。其次,教师应在整合的过程中不断提升自己的信息素养,教师信息素养的提升反过来也会促进教师转变自己的教学方法。最后,教师反思自己的教学整合过程,然后重新进入第一个步骤循环下去。

在不断地循环中,教师的技术应用能力和教学能力都得到提升,每一次的提升都有赖于单次循环结束的时候进行深入细致地反思。当时机成熟时,教师的专业发展过程将发生质变,即从仅强调使用技术能力的提高,转变到以课程、教学为主的技术整合能力的提高,如图1-2所示。

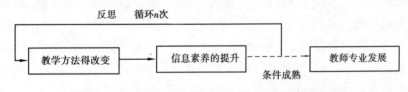

图1-2　**信息技术与学科整合环境下的教师专业发展**

（二）基于网络的专业发展模式

网络已成为促进教师专业发展的一条重要途径,且基于网络的教师专业发展模式更加多样化。

1.同步和异步学习模式

**同步模式**是指教师可直接连接互联网进行学习,学习的过程既可通过丰富的网络资源来进行,也可在线与其他教师或者其他专业学者进行交流。同步性学习的优点在于可充分发挥网络的各种功能,学习过程比较灵活,但受网络带宽的限制,一些大型课件难以直接在其中运行。

**异步模式**是指教师直接在本地计算机上运行一些大型课件或其他程序来进行学习,在这种模式下,教师处于一个个别化的学习环境中,可自定步调进行学习。

同步异步模式各有优缺点,教师可灵活使用两种模式来促进自身的专业发展。

2. 基于 Blog 的反思教学模式

随着 Web 2.0 技术的应用,Blog 技术正引起各界广泛的重视。在教师专业发展过程中,教师的不断反思是非常重要的,传统的方法是写日记,但是此方法不便于管理和交流,而 Blog 可以让用户以一种简单的方式在网络上发表自己的观点,易于交流,弥补了传统方式的不足。随着教师广泛采用 Blog 这种方式来反思自己的教学,一种新的教学反思模式也就应运而生了。

在该模式中,教师可定期更新自己的 Blog,并利用 Blog 的管理功能,对已发表的观点进行归类总结来定期进行反思。同时,还可利用其留言板功能与其他教师进行交流。

3. 基于网络社区的学习共同体模式

学习共同体建立以后,教师和教师之间、教师与专家之间可互相进行合作,这种学习共同体可采用传统的方式来建立。自采用网络方式后,交流过程变得更加有效、便捷。在网络上可用来建立这种学习共同体的技术很多,简单的可使用论坛的方式进行,复杂的可通过建立专门的网站来构建网络社区,在其中,教师可通过论坛、BBS 等方式进行交流,社区主页则可以提供最新的消息以及各种通知。

4. 网络资源应用模式

利用各种网络资源来促进教师的专业成长已成为一条非常有效的途径,随着网络技术的发展,网络资源更加丰富,其组织也变得更加专业化。

网络上的资源主要可归为两大类:一类为各种数据公司提供的专业数据库资源,如期刊网。由于有了比较成熟的赢利机制,各种资源得以有效更新,教师足不出户就可以获得更多、更优秀的资源;另一类为免费资源,如中国开放教育资源协会成立的开放教育资源网站,该网站提供了由协会搜集和制作的各种免费资源。

无论是哪一类资源,教师都可通过利用这些资源来进行学习,增加自己的专业知识和提高专业能力。

5. 基于网络化教学管理的专业发展模式

随着网络技术的不断成熟,各方面都在广泛应用网络技术来促进自身的发展,其中网络化教学管理正成为人们重视的一个焦点。利用网络化的教学管理,可以使教师提高教学管理效率,教师可以从以往烦琐的会议、报表、成绩输入等工作中解脱出来,把更多精力放在专业发展方面,由此形成基于网络化教学管理的专业发展模式。

目前,这方面比较成熟的技术主要有网上办公以及网络化教务管理两大类。

通过网上办公系统,教师可以在家方便地利用网络来进行办公,获取各种教学文件,同其他教师进行交流。通过网络教务管理系统,教师可利用试题库出试题,利用网络进行评分及学生的成绩录入等,显著提高了教学效率。

## 四、信息技术支持下教师专业发展趋势

教师专业发展至今已经取得不少成就,在信息化环境下,随着世界教育改革的进一步深化,教师教育和教师专业发展更备受关注,未来教师专业发展又会出现哪些趋势呢?

### (一)实现途径走向多样化

现代信息技术给我们提供了一种全新的数字化学习平台,使学习情境空前丰富,教师专业发展途径增加了许多种,其走向多样化。

1. 开展"校本研修"活动

"校本研修"是以学校为基地、通过校外专家和校内有经验的教师的专业引领,促使本校教师专业可持续发展及提高办学水平的一种教育实践活动。

2. 建立教师学习共同体

在信息技术环境中,教师学习共同体的实现途径有很多,可以建立专门的教育论坛,也可以通过聊天室、QQ 聊天群等实时聊天工具得以实现。

3. 搭建教师实践反思交流平台

教师的教学实践反思是教师不断思考、反省和总结自身教学经验,不断自我调整、自我构建,从而获得持续不断成长的过程,是教师专业发展的有效途径。利用信息技术为教师搭建实践反思平台,如 BBS、Blog、Wiki 等,能充分满足教师自主发展和群体交流的需要。

4. 加快推进"教师网联"计划,构建教师终身教育体系

"教师网联"是教育部新一轮教育振兴行动计划先行实施的重大项目,宗旨是以教育信息化带动教师教育的现代化,构建有中国特色和时代特征的教师终身学习体系,为教师终身学习和专业素质提升提供支持和服务。

### (二)发展模式走向综合化

随着信息技术在教育教学的逐渐渗透,教师急需得到信息化教学设计和实施方面的知识和技能的培训,为技术整合的教育目标、教学模式、合作探究等开展提供有力的指导,使教师能够将信息技术整合到他们的教学中去。这需要有效教师发展模式的支持。

贝克尔认为同辈指导是最有望成功的教师发展模式。同辈指导是激发教师持续学习、发展的一种方法,其在成人学习领域尤其有价值,日程安排灵活,小组合作

容易,能够满足教师持续学习、终身学习的需要,对新的技能的迁移具有积极的影响。

Intel 未来教育项目采用的是技术整合模式,该项目的目标是让教师学会如何在课堂教学中运用信息技术。

苹果明日课堂的教师专业发展项目提倡的是研究模式,即教师在开展项目研究的过程中,学习和尝试利用各种技术开发学生学习单元,并且这些单元会在课堂教学中真正实施,在整个过程中,教师投入研究,对自己的实践进行反思,思考如何利用技术来改变和提高自己的教学实践。

无论是传统的还是新模式,都有其优缺点,在实际教学实践过程中,应根据实际条件和发展需要,综合选择,利用多种发展模式,以求最佳效果。

(三)评价方式走向动态化和全面化

评价能够记录教师专业发展活动中的信息,判断这些活动对教师的成长是否有价值,并为以后的改进提供建议。公正合理的评价机制是激发教师反思,激励其成长的有利工具,而目前的教师评价更多的是关注行为结果,忽略行为过程,且大部分评价是借助量化的评价,使得教师只关注评价内容,评什么,怎么评,忽略了评价背后的真正含义,不利于真正的教师专业发展。

在信息技术环境中,可借助各种平台工具实时、准确、完整地记录教师的学习、反思、实践活动,将动态的教师专业发展过程进行完整的记录,从而将评价活动与教师专业发展紧密结合,以基础性评价与发展性评价相结合的方式,公正、客观地对教师专业发展的活动和结果进行动态的、全面的评估,促进教师在专业精神、教育理念、专业知识、专业能力等方面全面发展。

(四)从个体专业发展走向群体专业发展

教师个体可以凭借丰富的经验与专业知识很好地完成教学任务,但是对于学校组织来说,依靠个别或少数教师来提高教学质量、形成学校办校特色是不可能的。因此,需要促进教师群体的专业发展。如今,国际教师专业发展呈现出从强调个体发展到整个团队或群体发展的趋势,教师团队和学校组织成为教师专业发展的重要支持力量。

在信息化条件的支持下,专家、学校管理者与教师要努力营造一个合作、互助学习的教师群体,教师在这个群体中可交流自己使用新技术、变革教学实践的体会、困惑,并且相互支持和帮助,促进教师个人和群体的发展。

总之,信息技术既是教师终身学习、持续发展自身专业的重要技术条件,又为教师的自我更新和发展提出了客观要求,教师只有适应信息化学习环境、资源和方法,将信息技术自觉地整合于课程教学中,才能优质高效地实施教学活动,达到教师专业发展的真正目标。

# 第二章 获取网络信息的能力

人类利用信息的能力在历史上大体有四次关键性的发展：第一次突破是语言和文字的出现及印刷术的发明，影响了人类社会活动自身的信息传播；第二次突破是电信技术的发展，极大地改善了人类获取和交流信息的能力；第三次突破是计算机技术的发展，使得计算机能代替人脑处理信息；第四次突破是计算机网络技术的发展，将促使人类群体智能的形成。当今世界已经进入知识经济时代，信息与智能革命正席卷全球，在这种经济背景下，产品的智能成分大大增加，劳动者智能劳动成分也大大增加，信息技术的发展将成为新技术的核心。

教师作为智能劳动的主力军，无疑在整个社会变化过程中起到了重要的作用。信息素养（Information Literacy）是指能认识到何时需要信息及有效地搜索、评估和使用所需信息的能力，是数字时代的基本素养之一。作为21世纪的教师，便捷、高效地获取信息是从事教学、科研与社会服务活动的基础。有效地搜索、分析、利用信息既是自身发展的需要，也是培养学生所必须掌握的技术和必备的能力。目前，教师在教学中使用网络与多媒体教学已经成为潮流，我国发布《中小学教师教育技术标准》及联合国教科文组织发布的针对教师的信息技术能力的标准对当代教师提出了具体的要求。其中，信息检索、下载与共享的能力是有效地利用信息技术进行教育教学的基础。

## 第一节 信息资源检索

随着互联网的快速发展，网络资源正呈几何级数增长。网络为我们提供了更为丰富、全面、系统的教学资源。借助于网络技术和丰富的网络教学资源，有利于解决传统教学环境下教学资源缺乏的问题，也有利于提高学生利用网络自学的能力，从而促进课堂教学改革。但是网络信息内容的多样性、涉及范围的广泛性、信息发布的自由性、信息来源的分散性等因素都为快速、准确、全面地获取教学信息增添了难度。教师在搜索和利用网络教学资源时，普遍觉得进入网络就像进入迷宫一样，虽然花费了很长时间，搜索的教学资源还是不尽如人意；虽然搜索引擎已经成为教师应用频繁的网络工具，但查找适合教学资源所需要花费的时间和精力，给教师日常学习带来了一定的局限性。因此，为了充分发挥网络教学资源的重要作用，使教师能迅速、准确、方便地获得所需的资源,掌握信息搜索的基本技巧,了解常用的信息搜索方式,并将其恰当地运用到教学中,是信息时代教师的必备技能。

# 一、信息资源检索的相关概念

## (一)信　息

信息的基本含义是指事物定型和构造,即关于某种事物的具体情况。控制论创始人维纳(Wiener)认为"信息就是信息,既不是物质也不是能量",这句话可以这样理解:信息只是事物性质与状态的标志而非事物本身,信息的基本功能就是消除(或部分消除)信宿关于信源的不确定性。

信息具有流动性和可共享性。人们认识事物往往是通过观察其特征而实现的,这就是说有关事物某些属性的信息"流动"进入了人的大脑。人们之间的交流,广播电视及互联网的传播都是流动的信息。实际上,信息只有在流动与交流中才得以存在。信息流动的基本过程:信息由信源发出,经由信道传播,最后由信宿接收。如教师在讲授时,教师是信源,教师的声音、板书、体态、表情等都可以说是信道,通过它们把信息传递给学生,而学生是信宿,是信息的接收者。教师通过观察等手段了解学生的学习情况,这就是一个反馈的过程。在教师与学生组成的信息系统中,班级的班风、学校的学风、学生升学的压力等都可看成系统的外部干扰。

从人们对信息的利用来看,信息可分为以下三个层面:

一是**语法信息**(Syntactic Information)。语法信息回答的是"事物的运动状态及其变化方式是什么"的问题,只是符号关系,是事物的表象。如教师在课堂上提问,学生回答,语法信息就是关于学生的答案是否符合要求。教师观察到学生有些迷茫的眼神,表明了现在学习状态处于某种状态。在对此类信息的把握上,主要考虑要考察哪些事物的属性。

二是**语义信息**(Semantic Information)。语义信息回答的是"这种运动状态及其状态变化方式的含义是什么"的问题,是符号所要表达的确切含义。如前面讨论到的提问来说,如果"学生回答错了",就意味着学生还没有理解或掌握要求的知识内容;学生眼神迷茫意味着刚才教师的讲解学生没有领会,没有产生共鸣。对语义信息的把握,要清楚考察的属性有什么含义,这往往与教学目标有关。

三是**语用信息**(Pragmatic Information)。语用信息回答的是"这种含义的运动状态及其状态变化方式对观察者有什么样的价值和效用"的问题,是指信息的有用性。在课堂教学过程中,教师会随时关注学生的反应,对其表现出来的语义信息进行分析判断,最后调整教学策略。如学生回答错误,并不是简单地重新讲解,而是针对学生的答案进行启发式的提问,了解学生出现问题的原因,进行有针对性的补充。

信息的基本功能是消除信宿关于信源的不确定性,对应于三类不同的信息,这种不确定性可分为语法、语义和语用三种不确定性。比如,教师能通过测验分析学生对知识点的气氛情况,了解学生总体水平,从而消除统计的不确定性,即可以看出有多少人掌握了什么知识,掌握程度如何。通过对教学过程的回顾以及与学生的交流,教师可了解到教学过程中的不足与优势,在一定程度上消除语义的不确定性,为未来优化教学过程提供依据。根据以上两步的工作,总结目前教学的经验教训,寻求提高教学水平的途径,并具体实施,就可消除信息的语用不确定性。

## (二)信息资源检索

要消除信源和信宿之间的不确定性,首先在二者之间要有某种机制来传递信息,信息检索(Information Retrieval)就是解决这个问题的主要途径。信息检索是指从任何信息集合中识别和获取所需信息的过程及在这一过程中所采取的一系列方法和策略。广义的信息检索包括信息的存储、组织、表现、查询、存取等各个方面,其核心为信息的索引和检索。信息检索经历了从手工检索、计算机检索到目前网络化、智能化检索等多个发展阶段。狭义的信息检索仅指该过程的后半部分,即从信息集合中找出所需要的信息过程,即信息查询(Information Search)过程。

信宿是信息检索过程中的用户,用户总是为达到一定目的,解决一些问题才进行信息检索的。信源是检索要解决的问题,因为对要解决问题有不确定性,用户才需要进行信息检索。

与杂乱无章的资料堆积相比,手工检索使得资料管理变得有序,但由于纸质存储的易毁性、不易复制性与难于传输性,检索是一件费时费力的工作,计算机和互联网的应用使得存储介质和检索工具发生了变化,极大地提高了检索与传输的速度,资料的复制成本也变得很低。但由于信息过载等原因,出现了大量冗余和垃圾信息,使得检索效率低下,个性化程度不高。这是因为一方面用户对自己的检索目的不太清楚;另一方面,即使用户非常清楚自己的检索目的,但检索工具无法进行识别。而能够克服搜索引擎和在线浏览缺陷的智能化检索技术,能个性化地理解用户的信息需求,使用自然语言理解、机器学习等人工智能技术,为用户提供准确、可靠、方便的信息。

检索步骤就是利用检索工具查找到所需信息内容的科学安排,是在分析课题内容实质的基础上,选择检索工具,确定检索途径、检索词及其相互间的逻辑组配关系,并给出检索顺序、最佳实施方案等一系列的科学措施,检索步骤的制定一般遵循以下四个原则:一是快,即从检索请求的提出到检索结果的反馈要快速;二是准,即检索结果要准确,避免检索出过多无关内容;三是全,即检索结果要全面,能满足用户的需求;四是效益原则,即以最低的费用获取所需的信息。

网络信息检索策略主要包括以下六个方面:

### 1. 分析检索内容

明确检索目的,分析课题的检索范围,根据课题分析结果,确定检索项。即将检索请求分解成若干个既能代表信息需求又具有检索意义的主题概念,包括所需的主题概念有几个,概念的专指度是否合适,哪些是主要的,哪些是次要的等。力求使分析的主题概念能反映检索的需要。

2. 选择检索工具

任何一种检索工具在内容上都不可能包罗万象,在功能上都不可能十全十美,所以为了高效进行网络信息检索,选择合适的检索工具是基础。选择网络信息检索工具时,需要注意如下四点:明确不同类型网络信息检索工具的适用范围;了解主要检索工具的特点与功能;重视检索工具的分类浏览功能在信息检索中的应用;注意多种网络检索工具的组合使用。

3. 实施检索

了解检索工具的检索规则。每个网络检索工具所采用检索技术和方法的实现都有一些不同,在检索语法、符号标识系统、检索词识别与处理、检索结果的显示与排序、个性化定制等方面都有各自所特有的标准。因此,必须借助检索工具提供的介绍或联机帮助来掌握其检索规则。

4. 确定检索词

要尽量使用专指词、特定概念或专业术语、规范词优先,兼顾自由词,避免普通词、宽泛词和容易产生歧义的词,注意检索词的拼写形式。利用短语检索也可极大地提高检索结果的相关性。

5. 构造检索项

将检索词用一定的组配符连接起来,可限定检索范围,更清楚地表达检索课题的主题内容。组配符的选择要合理,确保准确表示检索主题,避免检索范围过大或过小。网络检索工具一般都支持多种组配符,如布尔逻辑运算符、位置运算符、短语识别符等。

6. 选择和处理检索结果

检索结果的选择与处理是指选取、整理、加工、编辑、打印输出和转存所检出的结果。每个网络检索工具都有自己显示和排列检索结果的标准,用户可根据检索工具提供的结果显示、排列和个性定制功能,处理检索结果,甚至在检索结果的基础上调整检索策略,再次检索,直到获取满意信息。

## 二、检索工具的使用

### (一)搜索引擎的使用

国内常用的搜索引擎是"百度"和"谷歌"。"百度"号称中文第一大搜索引擎,对于使用中文的普通中小学教师来说,使用"百度"网站进行搜索,就能满足搜索资源的需要。很多老师不能有效、快速地找到自己需要的资源主要有以下三个原因：

①使用者不了解搜索引擎的命令，不知如何利用逻辑命令来精确表述要查询的内容。②使用者不了解搜索引擎的功能，如具有搜索文字、图片、声音、视频、翻译等功能。③使用者不了解搜索内容在网上存在形式，如搜索文件，可按 Word、Excel、PowerPoint 等文档来进行搜索。

下面介绍如何利用百度的高级搜索方式来获取各类资源的搜索操作。

**步骤** 1：启动"Internet Explorer 浏览器"（后面简称"IE 浏览器"），在址址栏中输入"http://www.baidu.com"，按回车键，进入百度网站，如图 2-1 所示。

新闻 **网页** 贴吧 知道 MP3 图片 视频 地图 百科 更多>>

| | 百度一下 |

**图 2-1 百度搜索引擎主界面**

在关键词输入栏中输入要查询内容的关键词（关键词可一个，也可多个，甚至一句话），若要查找初中语文《变色龙》，在百度搜索栏中输入关键词"初中语文 变色龙"即可，鼠标单击"百度一下"，列出查询结果，得到搜索结果列表，如图 2-2 所示。

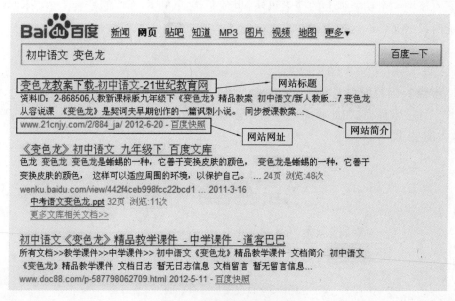

**图 2-2 百度搜索信息列表**

**步骤** 2：在搜索结果列表中，包括网站名称、网站简介、网址和百度快照等信息，可由显示的网站内容简单来判断搜索到的内容是否为所需要的内容。

**步骤**3：单击搜索列表中的网站地址，就能打开网站链接，进入相关网站。

（二）搜索命令示例

搜索古文出处：若要查找名句出处，如在百度中查找"修身、齐家、治国、平天下"，确定后，即得到原句及出处。值得说明的是网上信息来源复杂，对查找到的内容，有时需要多比较几个网站，才能找到自己所需要的。

搜索相关文章：如要查找小学《爬山虎的脚》一课内容相关文章，百度中输入"爬山虎的脚 教材分析"就会列出一些有关《爬山虎的脚》这篇课文的相关教材分析。若想知道爬山虎的脚作者的相关信息，就可在百度中输入"爬山虎的脚 作者简介"，单击确定即可。

搜索图片、音频、视频素材：如百度中输入"爬山虎—图片—素材"，则会列出查到的一些相关资源的网站名称。

搜索课件：如在百度中输入"小学数学—三角形—课件—免费下载"，确定后即可。

搜索软件：如要查找 Flash 动画制作软件，可在百度中输入"Flash 中文版下载"，即可得到该软件列表。

按文件类型搜索：如果要搜索"现代教育技术"这门课的 PPT 演示文稿，在百度中输入"现代教育技术 Filetype：ppt"，若要搜索"现代教育技术"这门课的相关 Word 文档，在百度中因输入"现代教育技术 Filetype：doc"。Filetype（文件类型）是搜索引擎中一个功能强大的搜索语法，也就是说，百度中不仅能搜索一般的网页，还能对某些文档进行检索，如.xls、.ppt、.doc、.pdf 等。

（三）图片搜索

**步骤**1：当我们需要利用百度搜索图片文件时，单击图2-3中"图片"按钮，进入图片文件搜索界面，在此界面中可选择你要搜索的图片规格，如新闻图片、全部图片、大图、中图等。

新闻 网页 贴吧 知道 MP3 图片 视频 地图

| | 百度一下 | 帮助<br>高级 |

**图2-3 百度图片搜索界面**

**步骤**2：在关键词输入栏中输入要搜索图片的关键字，如"课件背景图片"，单击"百度一下"按钮进行搜索，如图2-4所示，就会查找结果列表。

**步骤**3：单击列表中的图片，即可打开原图，在原图中单击鼠标右键，选择"下载"，在本地电脑上选择保存路径，即可把需要的图片下载到自己的电脑上。

图 2-4　百度图片搜索列表

　　[小技巧]：在搜索过程中，可输入图片的特定格式来进行进一步搜索，如输入"熊猫 gif 动画 素材"即可查到相应格式的图片。

（四）音乐搜索

　　若要搜索歌曲，单击 2-3 界面的"MP3"链接，输入要查询的音乐主题和格式，即可试听和下载。

（五）视频搜索

　　当需要搜索视频时，单击 2-3 界面的"视频"链接，输入要查询的关键词，如"北京奥运会"，则会出现相应视频列表，如图 2-5 所示。

图 2-5　百度视频搜索列表

（六）高级搜索

在百度首页，单击界面中的"高级"链接，可进入"高级搜索"页面，如图 2-6 所示,可设置对象的关键字、搜索结果的显示条数、时间、语言等。

相关网站如:Google 搜索引擎:谷歌( http://www.google.com.hk )也是人们常用的搜索引擎之一,百度的很多功能都能在谷歌中找到,另外,谷歌的很多功能也可在百度中使用。

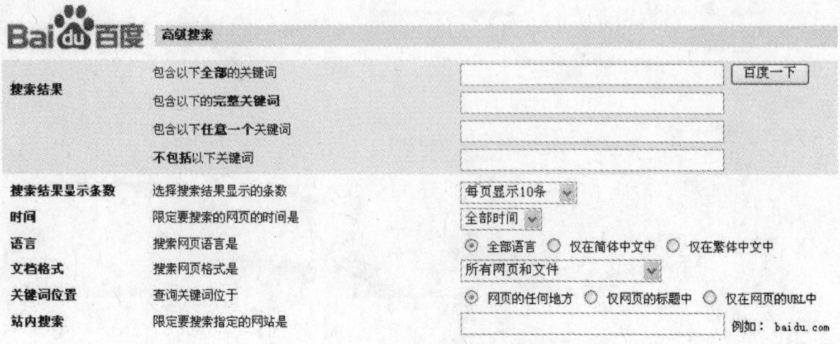

图 2-6　百度高级搜索界面

## 三、资源网站搜索

利用搜索引擎查找资源不仅方便而且快捷,但这需在大量网站中进行查找,花费时间较多,有很多资源并不是想要就能找到的。查找资源还有另外一种方法,那就是利用大型教育资源网站,这些教育资源网站是一些教育部门、教育软件公司以及教育团体建立,资源内容比较丰富,可按学科和资源素材进行分类查找和搜索,可方便地在站内检索教育资源。

**步骤 1**:打开北京教育资源网门户页 http://www.edures.bjedu.cn,如图 2-7 所示。首先需要注册,然后再登录进行查询。

图 2-7　北京教育资源网主界面

**步骤 2**:进入资源网站,分类检索。

**步骤 3**:查找自己的资源,可通过系统检索功能,在多个数据库中查找。

**步骤 4**:用户看检索到的资源,将需要的素材放进购物车。

**步骤** 5：若用户点数够，就可以下载使用。

参考资源站点：

| 类　型 | 名　　称 | 网　　址 | 简　介 |
|---|---|---|---|
| 教育信息 | 中国基础教育网 | http://www.cbe21.com | 由教育部基础教育司和教育部基础教育课程发展与研究中心主办，网站提供最新教育信息和教育动态 |
| 教育技术 | 中国中小学教育教学网 | http://www.k12.com.cn | 较早的教育教学交流网站，提供教育信息、教育资源和教学交流等 |
| 素材类 | 网页素材大宝库 | http://www.dabaoku.com | 网页素材大全 |
| | 中国站长站 | http://sc.chinaz.com | 提供各种素材 |
| | 黑马网页素材 | http://sucai.heima.com | 提供网页素材 |
| | 亿库教育网 | http://www.eku.cc | 提供中小学课件、教案、试卷、教学素材、教学视频、论文、教学参考等资源下载 |

## 四、运用网上电子期刊检索教学资源

网络电子期刊作为电子型文献的重要形式，是中小学教师利用较多的网络信息资源之一，较为常用的电子期刊网有：中国学术期刊网（www.cnki.net）、维普全文数据库（www.tydata.com）、万方数据库（www.wanfangdata.com.cn）等。

输入任一电子期刊的网址，对检索项进行检索，根据检索结果，选择相应的论文链接，即可进入论文的详细资料页面。需要注意的是，不同电子期刊网的文章格式有所不同，需要在期刊网站内下载特定的期刊阅读器并安装后，才能够正常地打开论文资料。

## 五、借助网上图书馆检索电子教材

网上图书馆也是教师获得电子教材的另一个途径，与电子期刊不同，网上图书馆可以将整本教材进行下载。借助专门的图书馆阅读器，阅读电子教材。较为常用的数字图书馆有超星数字图书馆、方正数字图书馆、中国数字图书馆等。

具体操作如下：输入相关网上图书馆的网址，在"查询"框内输入书名进行查询，选择书籍，进入图书馆的下载页面。不同的网上图书馆需要下载不同的图书阅读器，阅读器下载好后，即可通过阅读器进行图书的阅读。

## 六、FTP 搜索引擎中教学资源的查找

FTP 是互联网最主要的服务之一,在国内外的 FTP 站点上,保存着大量的共享软件、多媒体等各式各样的资料。FTP 检索是一种十分有效的教学资源检索方式,互联网尤其是教育网上有大量的 FTP 站点,其中资源十分丰富。通常可利用 FTP 搜索引擎搜索到相关资源,进而得知其所在的 FTP 站点,利用 IE 浏览器或 FTP 传输工具下载所需的教学资源。

常用的国内搜索引擎有:

北大天网:http://e. pku. edu. cn

清华 FTP:http://search. ipcn. org

天网时代科技:www. tianwang. com

星空搜索:http://sheenk. com/ftpsearch/search. html

厦门大学 FTP:http://search. xmu. edu. cn

# 第二节　信息资源的下载

## 一、文本下载

当需要将网页上的文字复制下来时,会遇到有些网页上的文字无法复制,并且有些网页保存时会出现"无法保存网页"的对话框。这时,一般需要特殊的方法对你所需要的文本进行下载。

### (一)普通文本的复制

普通文本的复制具体步骤如下:

**步骤 1**:通过搜索引擎查找并打开相关网页。经过鼠标拖动,选中要复制的文本内容。

**步骤 2**:单击 IE 菜单中"编辑"按钮,选择"复制",将选中的文本复制到剪切板中,或直接使用快捷键"Ctrl + C",进行复制。

**步骤 3**:打开 Word 文档或记事本软件,执行菜单"编辑"→"粘贴"命令,或直接使用快捷键"Ctrl + V",即可将选中的文本复制到 Word 文档或记事本中。

### （二）加密文本的复制

加密文本的复制具体步骤如下：

**步骤1**：在 IE 窗口，打开要复制文本的网页，单击 IE 菜单"查看"→"源文件"命令，用记事本方式打开网页的源文件。

**步骤2**：在记事本中找到＜body＞标签，选中并删除 body 中的其他所有代码及后一行代码。如图2-8所示。

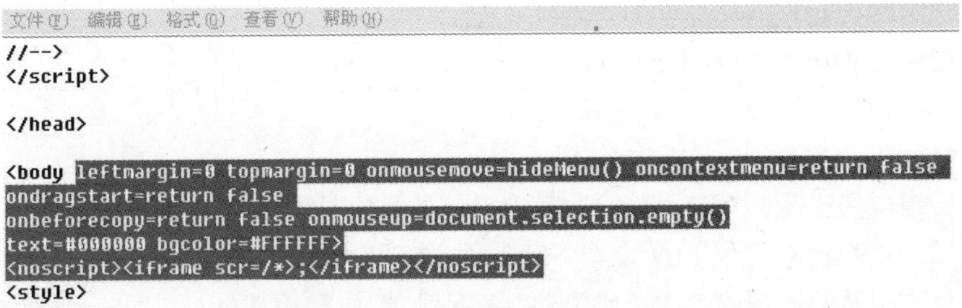

```
文件(F)  编辑(E)  格式(O)  查看(V)  帮助(H)
//-->
</script>

</head>

<body leftmargin=0 topmargin=0 onmousemove=hideMenu() oncontextmenu=return false
ondragstart=return false
onbeforecopy=return false onmouseup=document.selection.empty()
text=#000000 bgcolor=#FFFFFF>
<noscript><iframe scr=/*>;</iframe></noscript>
<style>
```

**图2-8　加密文本复制的网页代码**

**步骤3**：单击记事本菜单"文件"→"另存为"命令，出现"另存为"对话框，在文件名文本框中输入文件名和扩展名.htm，保存类型选择"所有文件"，单击保存按钮即可完成。

**步骤4**：打开刚保存好的文件夹，找到并打开该网页文件，即可进行文本复制。

## 二、图片下载

当需要网页上的图片资源时，一般可以通过以下两个步骤将所需要的图片保存到本地电脑上。

**步骤1**：鼠标右击网页图片，执行快捷菜单中"图片另存为"或"背景另存为"。

**步骤2**：弹出"保存图片"对话框，设置"保存位置"，再设置"保存文件名"和"保存类型"，最后单击"保存"按钮，即可完成图片的保存。

## 三、在线视频下载

中小学制作多媒体课件时往往需要视频软件，现在网上视频资源多以流媒体格式（WMV、RM 或 RAM 格式）存在，这些视频只允许在网上浏览，不允许下载。另外有些视频网站的视频（FLV 格式）是通过 Flash 播放器在线播放，用常规方法直接下载得到的是 Flash 播放器，并非视频素材。

针对这些声音和视频，就需借助下载软件下载视频资源，这里介绍 FLV 格式视频的下载、播放的方法。

（一）视频网站 FLV 下载

目前，网站上出现大量视频共享资源网站，具有丰富的视频资源，如我乐网和土豆网等，这些网站提供方便的上传平台供用户上传视频和图片，网站平台会自动转换成 FLV 格式视频，有利于视频资源的上传、集成和展示。但这些资源不能用常规方法下载，利用常规下载的只是视频的 Flash 播放器，而不是真正的视频。

（1）常用的视频站点如下：

我乐网：http://www.56.com/

酷6网：http://www.ku6.com/

Uume：http://www.uume.com/

土豆网 ：http://www.tudou.com/

要想得到这些，方法有很多种，其中最好的方法是利用"维棠"下载软件。

（2）软件介绍：维棠 FLV 视频下载软件，能帮助你轻松下载国内外大多数 FLV 视频分享网站的视频内容，"维棠"软件集下载、播放和格式转换功能于一身，功能非常强大。

**步骤** 1：利用百度搜索并下载"维棠"软件，该软件也便于安装。下载方法以前已经介绍过，这里就不赘述。

**步骤** 2：打开土豆网（http://www.tudou.com/），如图 2-9 所示。利用网站视频检索功能查找所需要的视频，如输入"酒精灯的使用"，单击"搜索"按钮，进入网站查找并打开视频所在的页面，如图 2-10 所示。

**图 2-9　土豆网主界面**

**步骤** 3：单击视频链接，打开视频所在页，可观看视频文件，若视频内容可用，复制 IE 地址栏中视频所在页的地址（即网址）。

**步骤** 4：打开"维棠"软件，单击工具栏"新建"按钮，打开"添加新的下载任务"对话框，如图 2-11 所示，将页面地址复制到视频网址框中，"维棠"软件将开始分析用户输入网址中 FLV 视频节目的真实地址。

**步骤** 5：单击"确定"后，软件开始下载用户所需要的 FLV 视频。下载结束后，在左侧目录窗口，单击"已下载"文件夹，右侧会出现下载文件列表，如表 2-12 所示。

**步骤** 6：单击下载列表中视频文件名，再单击工具栏中"播放"按钮，就可利用"维棠"自带的播放器观看视频。

**图 2-10 土豆网搜索视频列表（以有关酒精灯使用的视频检索为例）**

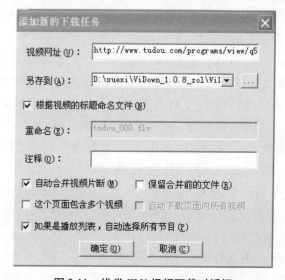

**图 2-11 维棠 FLV 视频下载对话框**

［说明］播放器下载播放的视频文件格式为 FLV，并不是课件制作常用的 avi、mpg、wmv、asf、rm 等类型的视频，不能直接在网页中应用。若想在课件中使用，可利用"维棠"软件的"转换"按钮，将 FLV 格式的视频转化成其他格式，这样就能插入 Powerpoint 或 FrontPage 中使用。

**步骤 7**：若想将视频转换成课件中能播放的视频文件，可单击窗口"转换"按钮，即可进行格式转换操作。

（二）Flash 文件的下载

Flash 也是比较常用的资源，网络上有着大量的 Flash 资源可供使用和下载，IE 浏览器本身不支持直接下载 Flash 动画，需要借助相关的软件进行下载，能下载 Flash

的软件和方法很多,下面将介绍常见的两种方法,即通过网页直接下载和缓存法。

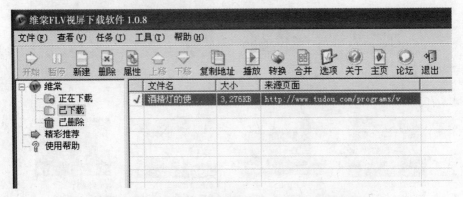

图 2-12　维棠 FLV 视频下载软件 1.0.8 的主界面截图

**方法 1**:网页直接下载 Flash。是指在用 IE 浏览器浏览 Flash 动画时,直接通过加到 IE 浏览器上的 Flash 下载插件来下载。这需要在计算机中先安装相关软件,如超级旋风、迅雷等软件,安装完这些软件之后,再次浏览 Flash 时,就会提示"保存"按钮。

**方法 2**:缓存法下载 Flash。是 Flash 下载的另一种好方法,人们在浏览网页上的 Flash 时,虽然没有保存,但 Flash 还是会保存到 IE 的临时文件夹中,这就为获取 Flash 提供了另一条思路,从临时文件夹查找 Flash 文件,即没有安装任何 Flash 软件时也能得到 Flash 动画。这样,即使几天前观看的 Flash 也有可能保存在你的计算机中。可直接到 IE 临时文件夹中查找,也可通过软件来帮助查找,如雅龙 Flash 搜刮器,可方便快捷地得到任何网页中的 Flash 动画。

临时文件夹查找。单击 IE 浏览器中"工具"→"Internet 选项"命令,打开"Internet"对话框,单击"设置"按钮,在打开的"设置"对话框中,单击"查看文件",打开 IE 临时文件,就能查找 Flash 类型(.swf)的文件。

[注明]由于 IE 临时文件夹中文件非常多,查找不方便,可在"Internet 选项"对话框中,单击"删除文件"按钮,再单击"查看文件",这时原有文件被删,查找文件就更方便,必要时还可通过类型排序或按时间排序来进行查找。

雅龙 Flash 搜刮器。运用 Flash 搜刮器,打开程序窗口,单击工具栏第一个按钮"Scan",则程序自动分析计算机中能找到的 Flash 资源,分析结束后,窗口左侧会列出几天内浏览过的 Flash 资源目录,选中想要保存的资源后,单击工具栏上"Save"按钮,则会弹出保存对话框,设置保存位置和文件后,单击"确定"即可。

(三)Flash 文件的播放

若计算机中没有安装 Macromedia Flash 软件或 Flash 播放器,双击下载后的 Flash 动画是不能播放的,这时,一般需要通过以下两种方法来播放 Flash 动画。

**方法 1**:安装 Flash 软件或播放器插件,利用 Flash 播放器来播放动画。

**方法**2:将 Flash 动画插入到课件中,运行课件也能看到 Flash 动画。

**方法**3:直接通过 IE 浏览器浏览 Flash 动画,双击下载的 Flash 文件,弹出选择运行程序对话框,选择"从列表中选择程序",单击"确定"按钮,选择列表中"Internet Explorer"程序,并选中"始终使用选择的程序打开这种文件",再单击"确定"按钮,就会打开 IE 窗口,在 IE 工作区中,有一个阻止提示条,在阻止条上右击,选择第一条命令"允许阻止的内容",就会打开 Flash 动画,即可观看 Flash 内容。

# 第三节 信息资源共享

随着课程改革的不断推进,教师走专业化道路已成为世界潮流。《教育部进一步推进义务教育均衡发展的若干意见》中明确提出:要充分发挥具有优质教育资源的学校的辐射、带动作用,采取与薄弱学校整合、重组、教育资源共享等方式,促进薄弱学校的改造。如何充分发挥教育资源的作用,实现城乡教育资源优势互补,促进教师的发展,是我们探索的课题。信息资源共享可以使优质资源的价值最大化。在实际的日常教学活动中,也可作为师生之间沟通的桥梁。

## 一、FTP( File Transfer Protocal) 共享

若整个学校都在局域网中,可将办公室计算机或网络教室前教师机作为一个FTP 服务器,实现 FTP 共享,可更加方便的实现资源共享,让教师和学生直接访问办公室计算机中指定的文件夹。FTP 是文件传输协议的简称。它的主要作用就是让用户连接上一个远程计算机(FTP 服务器程序)共享的资源,然后,可把资源从远程计算机复制到本地计算机,或把本地计算机的文件传送到远程计算机去。

作为 FTP 服务器的计算机既可是专门的服务器,也可将自己的办公室中的计算机设置为 FTP 服务器,下面将进一步介绍如何在 Windows XP 系统中设置 FTP 服务器。

**步骤**1:从网络上下载 IIS 5.1 组件。在桌面任务栏,选择"开始"→"设置"→"控制面板"命令,打开"添加或删除程序",如图 2-13 所示,单击左侧"添加/删除Windows 组件"按钮。

**步骤**2:在出现的向导对话框中选择"Internet 信息服务 IIS",如图 2-14 所示,单击"详细信息",将出现"Internet 信息服务 IIS"对话框。

**步骤**3:在"Internet 信息服务 IIS"对话框中选择"文件传输协议 FTP"命令,单击"确定"按钮后,进行程序安装,在安装过程中需要插入 Windows XP 安装光盘或选择步骤 1 中下载的 IIS 所在文件夹位置,确定后,将自动完成安装过程。

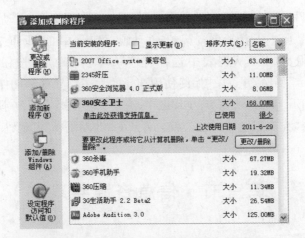

图 2-13　Windows XP 添加或删除程序窗口

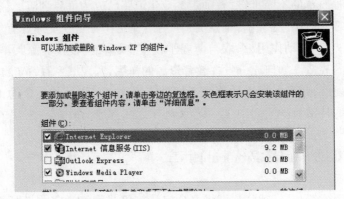

图 2-14　Windows XP 组件向导窗口

## (一)FTP 服务器设置

FTP 服务器设置的具体操作步骤如下:

**步骤 1:**在"桌面任务栏",选择"开始"→"程序"→"管理工具"→"Internet 信息服务"命令,打开"Internet 信息服务"对话框,在右边框中找到"默认 FTP 站点",如图 2-15 所示。

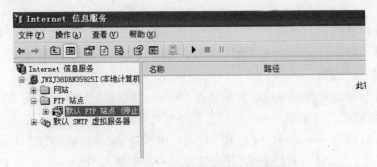

图 2-15　Internet 信息服务对话框截图

**步骤2**：右击"默认 FTP 站点"，在快捷菜单上单击"属性"命令，弹出"默认 FTP 站 属性"对话框，单击"主目录"标签，如图 2-16 所示。单击"浏览"按钮，可以设置要共享的文件夹（默认状态下，设置文件夹，其他用户只能读取，不能上传，要想上传，在图 2-16 所示对话框中，选中"写入"选项），单击"确定"按钮即可完成。

图 2-16　默认 FTP 站点属性对话框

（二）FTP 的访问

　　FTP 服务器设置以后，将计算机 IP 地址告诉其他教师和学生，就可访问共享的资源了。打开 IE 浏览器，在地址栏中输入 FTP 地址，格式为"FTP://教师机的 IP 地址"，如 FTP://10.7.6.96，如图 2-17 所示。

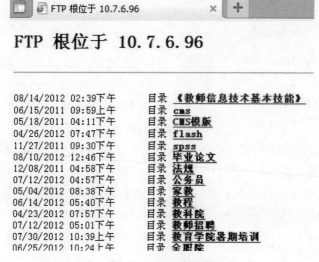

图 2-17　FTP 访问界面

(三)FTP 资源上传

FTP 设定以后,可通过 IE 浏览器访问,也可通过 FTP 软件访问。如果要上传的文件比较小,可直接通过 IE 浏览器访问,反之,若上传的文件比较大,则可考虑通过 FTP 软件来进行访问。常见的 FTP 软件有很多种,下面以 Flash FXP 软件为例来介绍 FTP 的上传。

软件介绍:FlashFXP 4.0 可用来在 FTP 站点上传和下载资源,具有多线程,断点续传等优点,保证上传、下载的质量。

**步骤** 1:下载安装 FlashFXP 4.0,启动该软件。

**步骤** 2:单击工具栏中闪电图标,如图 2-18 所示。就会跳出一个快速链接的对话框,如图 2-19 所示,在地址栏和 URL 中输入 FTP 地址,如:10.7.6.96,输入用户名和密码,如果没有用户名和密码,则为空即可,单击"连接"按钮。

图 2-18　FlashFXP **快捷工具栏**

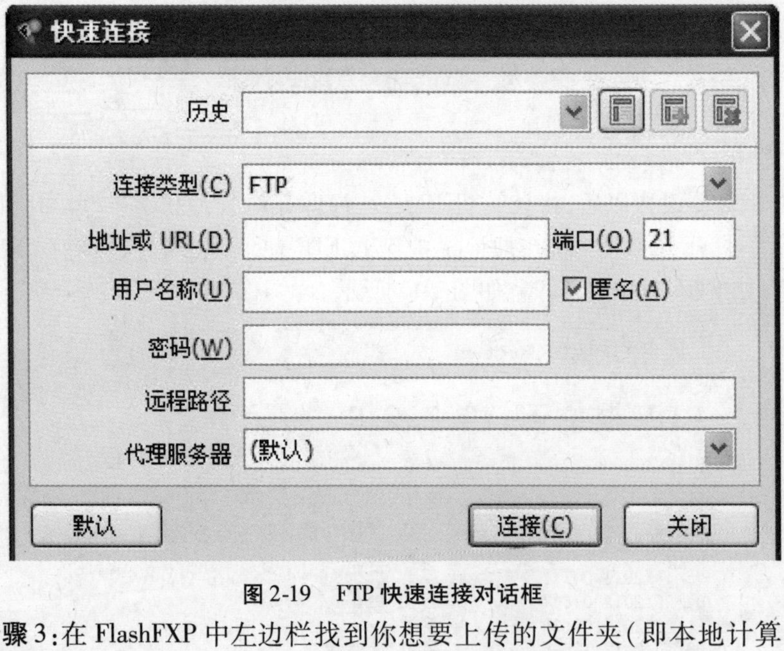

| 快速连接 | | ✕ |
| --- | --- | --- |
| 历史 | | ▾ 📋 📋 📋 |
| 连接类型(C) | FTP | ▾ |
| 地址或 URL(D) | | 端口(O) 21 |
| 用户名称(U) | | ☑匿名(A) |
| 密码(W) | | |
| 远程路径 | | |
| 代理服务器 | (默认) | ▾ |
| 默认 | | 连接(C)　关闭 |

图 2-19　FTP **快速连接对话框**

**步骤** 3:在 FlashFXP 中左边栏找到你想要上传的文件夹(即本地计算机),单击右键选传输,即可上传。在最下方属性栏中可查看传输的进度、时间。右边栏为FTP 目录,同样,可选择你需要下载的文件,单击右键选择传输,即可下载。

FTP 参考资源:百度百科 http://baike.baidu.com/view/369.htm。

## 二、上传互联网实现共享

如果你需要将你制作的信息资源上传到互联网上,可根据你的资源分类进行选择。一般来说,Word 文档、Excel 文档、PPT、PDF 文档等,可通过百度文库上传进行共享,如果是音频、视频文件可通过土豆网、优酷网等进行上传实现共享。

### (一)共享文字文档

共享文字文档的具体操作步骤如下:

**步骤 1**:进行 http://wenku.baidu.com/,注册一个百度文库账号,单击"上传文档"按钮,如图 2-20 所示。

**图 2-20 百度文库主界面**

**步骤 2**:选择"选择文档"按钮,在本地计算机中找到你想要上传的文档,上传的格式在文档上传须知中注明。

**步骤 3**:上传完毕后,可以进入你的文库主页对所上传的资源进行管理,如图 2-21 所示。

**图 2-21 百度文库管理窗口**

### (二)共享音频、视频文件

目前,互联网上提供了许多可共享音频和视频的平台,最常见的有土豆网和优酷网,你只需要注册一个账号,便可轻松上传音频和视频文件,实现资源共享。

# 第三章 运用信息工具的能力

信息的获取、存储、传输、处理和呈现等诸方面工作都会用到信息工具,这些工具既可以是硬件形式,也可是软件形式。一项实际的信息处理项目,通常涉及多项软件和硬件。社会的需求促进了技术的发展,信息技术工具才会如此丰富:既有专门的,也有通用的;既有简易的,也有精深的;既有高价的,也有低廉的。在如此众多的工具中,正确选用并综合运用它来进行信息处理,并力求做到高效、节约、合理,是当代教师必须具备的信息素养。

## 第一节 演示文稿制作

演示文稿,英文 Power Point,简称 PPT。演示文稿是微软公司出品的 Office 软件(Microsoft Office)系列重要组件之一(还有 Excel、Word 等)。图文音像的多重应用以及丰富灵活的排版组合促成了 PPT 的强大,使其得以在演讲以及教学等场合中普及开来。PPT 在多媒体教学中起着重要作用,采用 PPT 进行适当的教学,可使教学变得多姿多彩,不仅能提高教师教学效率,而且能提升学习者的学习兴趣。

### 一、认识演示文稿制作软件

常用的演示文稿制作工具有:PPT、WPS 演示、OpenOffice Impress、Pageplayer 等。这里主要介绍 PPT。

选择"开始"→"所用程序"→"Microsoft Office"→"Microsoft Office PowerPoint 2003"命令,即可启动 PowerPoint 2003 应用程序,打开其工作界面,如图 3-1 所示。

(一)PowerPoint 2003 的窗口组成

PowerPoint 2003 的窗口除了拥有与 Office 2003 相同的标题栏、菜单栏、工具栏、状态栏等组成部分外,还具备其特有的组成部分。

(1)大纲编辑区。该窗格位于界面左侧。演示文稿以大纲形式显示,大纲由每张幻灯片的标题和正文组成;另一种是以幻灯片形式显示,幻灯片由每张幻灯片组成。

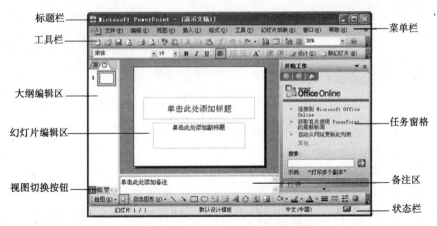

**图 3-1　PowerPoint 2003 的工作界面**

（2）幻灯片编辑区。幻灯片窗格即界面正中占大比重的区域，就是人们对幻灯片进行增删、修改以及对文本、图形、影片及声音、动画进行操作的幻灯片编辑区。

（3）备注区。该窗格位于界面中下方，用于添加所制作幻灯片的备注或相关信息。图形对象和图片不会在此窗格中显示出来，但是会在备注页视图中打印带备注的幻灯片时出现。

（4）视图切换按钮。视图切换按钮包括"普通视图"按钮、"幻灯片浏览视图"按钮和"从当前幻灯片开始幻灯片放映"按钮。单击相应的按钮，用户可方便地切换到相应的视图方式中。

（二）PowerPoint 2003 的视图

PowerPoint 2003 为用户提供了三种方便的视图，即普通视图、幻灯片浏览视图以及幻灯片放映视图，如图 3-2、图 3-3、图 3-4 所示。

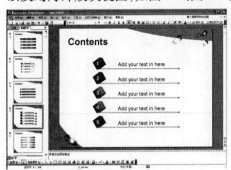

**图 3-2　普通视图**

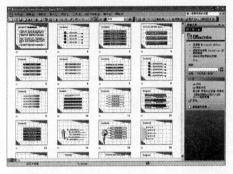

**图 3-3　幻灯片浏览视图**

（1）普通视图。在此视图中，幻灯片均按序号以列排列，右键单击任何一张都会弹出一个菜单，这样就能对它进行编辑和修改。当选中"大纲视图"按钮时，就可以切换到大纲普通视图，这种视图主要会显示每张幻灯片的内容，可以比较方便

图 3-4  幻灯片放映视图

地组织和编辑演示文稿中的内容,包括键入或修改所有文本,重新排列内容符号、段落甚至幻灯片。

(2)幻灯片浏览视图。在此视图中,幻灯片按序号以行排列,用缩图显示出来,右键单击效果同上。可直观地操作幻灯片,如删除、拷贝、变换顺序等,且双击之后同普通视图的界面。此视图的特点是用户能够对幻灯片内容、风格、色彩等一览无余,利于整体之中统一的细节修改。

(3)幻灯片放映视图。单击图标即可开始幻灯片的放映,一般可按"Esc"键退出放映。放映过程中可按实际需求使用 PowerPoint 2003 提供的工具标记等。

(三)PowerPoint 2003 菜单栏

PowerPoint 2003 菜单栏具体包括以下内容。

(1)文件菜单。从上到下依次是新建、打开、保存等命令,邮件发送、打印设置和常用的页面设置等。

(2)编辑菜单。包括对幻灯片及其内容的编辑,如复制、粘贴、删除、替换等。

(3)视图菜单。如上文介绍包括三种视图,其次还可对母版、颜色等进行操作以及标尺等工具。

(4)插入菜单。主要用于向幻灯片插入新幻灯片以及文本、表格和图片、声音等多种媒体素材。

(5)格式菜单。同 Microsoft Word 一样,此菜单多用于对文本的编辑操作。

(6)工具菜单。包括拼写检查、宏的定义和应用以及自定义等。自定义主要依据个人习惯来选择显示和隐藏工具栏,从而定义出较为适合自己的工具栏。

(7)幻灯片放映。用于幻灯片放映时的具体控制,可在子菜单中选择放映的动作和放映方案等。

(8)窗口菜单。主要用于各个演示文稿中的切换。每个文档都有一个窗口,这样,如果用户打开许多文档,那么就可以使用此菜单的选项来实现演示文稿之间的切换。

(9)帮助菜单。PowerPoint 2003 为用户提供了比较详细的帮助,一些问题可通过此菜单来了解遇到的问题,还可通过它的 Microsoft Office Online 进一步了解。

## 二、演示文稿的基本操作

### （一）创建演示文稿

PowerPoint 2003 提供了多种创建新演示文稿的方法，用户不仅可以创建空白演示文稿，还可使用设计模板或内容提示向导创建演示文稿。

**1. 创建空白演示文稿**

创建空白演示文稿的具体操作步骤如下：

**步骤 1**：选择"文件"→"新建"命令，打开"新建演示文稿"任务窗格，如图 3-5 所示。

**步骤 2**：在该任务窗格中的"新建"选区中单击"空演示文稿"超链接，即可创建一个空白演示文稿。

**2. 使用设计模板创建演示文稿**

设计模板是指已经设计好的幻灯片的样式和风格，包括幻灯片的背景图案、文字结构、色彩配置等方面。PowerPoint 2003 为用户提供了许多美观的设计模板，方便用户创建出风格统一的演示文稿。

使用设计模板创建演示文稿的具体操作步骤如下：

**步骤 1**：选择"文件"→"新建"命令，打开"新建演示文稿"任务窗格。

**步骤 2**：在该任务窗格中的"新建"选区中单击"根据设计模板"超链接，打开"幻灯片设计"任务窗格，如图 3-6 所示。

**步骤 3**：在该任务窗格的"应用设计模板"列表框中选择一种设计模板，此时窗口将变成相应的设计风格。

**步骤 4**：在幻灯片编辑区中输入文字，并进行适当的调整，即可完成演示文稿的创建。

**图 3-5　"新建演示文稿"任务窗格**

**图 3-6　"幻灯片设计"任务窗格**

3.使用内容提示向导创建演示文稿

PowerPoint 2003 为用户提供了创建演示文稿的快捷方式,即"内容提示向导"。它可以引导用户从众多的预设模板中选择所需要的样式,然后针对用户的演示文稿提出建议,帮助用户编辑文字、组织格式和机构,使用户在最短的时间内能迅速创建出专业的演示文稿。使用内容提示向导创建演示文稿的具体操作步骤如下:

**步骤 1**:选择"文件"→"新建"命令,打开"新建演示文稿"任务窗格。

**步骤 2**:在该任务窗格中的"新建"选区中单击"根据内容提示向导"超链接,弹出"内容提示向导"对话框(一),如图 3-7 所示。

**步骤 3**:在该对话框中单击"下一步"按钮,弹出"内容提示向导-[通用]"对话框(二),如图 3-8 所示。

**图 3-7 "内容提示向导"对话框(一) 图 3-8 "内容提示向导-[通用]"对话框(二)**

**步骤 4**:在该对话框中的"选择将使用的演示文稿类型"列表框中选择演示文稿的类型,单击"下一步"按钮,弹出"内容提示向导-[通用]"对话框(三),如图 3-9 所示。

**步骤 5**:在该对话框中选择演示文稿的输出类型,单击"下一步"按钮,弹出"内容提示向导-[通用]"对话框(四),如图 3-10 所示。

**图 3-9 "内容提示向导-[通用]"对话框(三) 图 3-10 "内容提示向导-[通用]"对话框(四)**

**步骤 6**:在该对话框中的"演示文稿标题"文本框中输入演示文稿的标题,单击"下一步"按钮,弹出"内容提示向导-[通用]"对话框(五),如图 3-11 所示。

**步骤 7**:在该对话框中单击"完成"按钮,即可创建一个演示文稿。

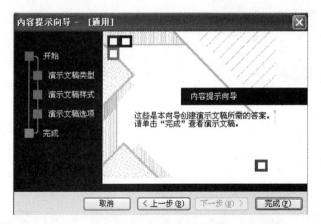

**图 3-11　"内容提示向导-[通用]"对话框(五)**

## (二)打开演示文稿

在演示文稿的编辑过程中,有时需要打开以前的演示文稿,然后进行编辑。打开演示文稿的具体操作步骤如下:

**步骤**1:选择"文件"→"打开"命令,或直接单击"常用"工具栏中的"打开"按钮,弹出"打开"对话框,如图 3-12 所示。

**步骤**2:在该对话框中的"查找范围"下拉列表中选择演示文稿所在的位置;在文件列表中选择需要打开的演示文稿;在"文件类型"下拉列表中选择打开文件的类型。

**步骤**3:单击"打开"按钮,即可打开需要的演示文稿。

**图 3-12　"打开"对话框**

## (三)保存和退出演示文稿

编辑完演示文稿后,需要对其进行保存,具体操作步骤如下:

**步骤**1:选择"文件"→"保存"命令,或单击"常用"工具栏中的"保存"按钮,弹出"另存为"对话框,如图 3-13 所示。

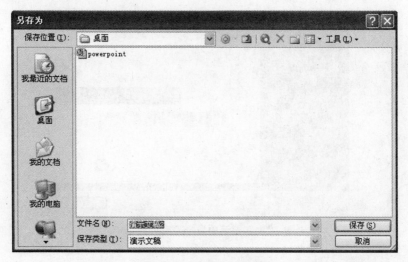

图 3-13 "另存为"对话框

**步骤 2**：在"保存位置"下拉列表中选择需要保存的位置，在"文件名"下拉列表中输入演示文稿的名称，在"保存类型"下拉列表中选择文件的保存类型。

**步骤 3**：单击"保存"按钮，即可保存演示文稿。

**步骤 4**：对演示文稿进行保存后，选择"文件"→"退出"命令，退出演示文稿。

## 三、演示文稿的编辑管理

在创建好演示文稿之后，可对幻灯片进行编辑和管理操作，主要包括添加文本、插入图形对象，幻灯片的插入和隐藏，幻灯片的复制、移动和删除等，制作出更加符合用户要求的演示文稿。

### （一）添加文本

在使用自动版式创建的幻灯片中，有一些带有虚线或阴影线边缘的边框，它们是各种对象的占位符。用户可在其中设置标题及正文、图表、表格、图片等对象。在文本占位符中单击鼠标，然后可输入文本。如果用户需要在占位符之外添加文本，可单击"绘图"工具栏中的"文本框"按钮，然后在文本框中输入文本即可。

### （二）插入图形对象

在 PowerPoint 中不但可添加文本，还可以插入图形对象，主要包括图片、剪贴画、艺术字、自选图形、表格、图表以及多媒体文件等，以丰富幻灯片的视觉效果。在幻灯片中插入图片的具体操作步骤如下：

**步骤 1**：选择"插入"→"图片"→"来自文件"命令，弹出"插入图片"对话框，如图 3-14 所示。

**步骤**2:在该对话框中的"查找范围"下拉列表中选择图片所在的位置;在文件列表中选择需要插入的图片;在"文件类型"下拉列表中选择打开图片的类型。

**步骤**3:设置完成后,单击"插入"按钮,即可在幻灯片中插入图片。

**图**3-14 **"插入图片"对话框**

(三)幻灯片的插入和隐藏

在演示文稿的制作过程中,可插入新的幻灯片或隐藏不想在放映过程中出现的幻灯片。

1.插入幻灯片

在演示文稿中插入幻灯片的具体操作步骤如下:

**步骤**1:选择"插入"→"幻灯片(从文件)"命令,弹出"幻灯片搜索器"对话框,如图3-15所示。

**步骤**2:在该对话框中单击"文件"文本框后的"浏览"按钮,弹出"浏览"对话框,如图3-16所示。

**步骤**3:在该对话框中选择需要插入的幻灯片,单击"打开"按钮,返回到"幻灯片搜索器"对话框,单击"插入"按钮,即可将幻灯片插入当前演示文稿中。

**图**3-15 **"幻灯片搜索器"对话框**　　　　**图**3-16 **"浏览"对话框**

**2.隐藏幻灯片**

在演示文稿的放映过程中,有时不想让某些幻灯片出现,就必须将其隐藏起来。隐藏幻灯片的具体操作步骤如下:

**步骤1**:在幻灯片浏览视图中选中需要隐藏的幻灯片。

**步骤2**:选择"幻灯片放映"→"隐藏幻灯片"命令,即可将所选幻灯片隐藏起来。在隐藏的幻灯片旁边出现隐藏幻灯片图标,图标中的数字为幻灯片的编号。

**步骤3**:选择"幻灯片放映"→"隐藏幻灯片"命令,可重新显示隐藏的幻灯片。

**(四)幻灯片的复制、移动和删除**

在制作演示文稿的过程中,有时需要对幻灯片进行复制、移动和删除操作,以调整幻灯片的位置。

**1.复制幻灯片**

选中需要复制的幻灯片,单击鼠标右键,从弹出的快捷菜单中选择"复制"命令,或者选择"编辑"→"复制"命令,还可在"常用"工具栏中单击"复制"按钮,即可复制幻灯片。

**2.移动幻灯片**

在"幻灯片浏览"视图中选中要移动的幻灯片,按住鼠标左键并进行拖动,在拖动过程中会出现一条垂直直线表示移动位置,如图3-17所示。移动到目标位置后,释放鼠标即可。

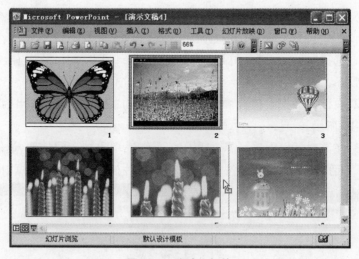

图3-17　移动幻灯片

**3.删除幻灯片**

选中需要删除的幻灯片,单击鼠标右键,从弹出的快捷菜单中选择"删除幻灯片"命令,或者直接按"Delete"键,即可删除幻灯片。

## 四、幻灯片的放映

PowerPoint 提供了许多组工具,使用户在所有可能的情况下都能轻松地演示
PowerPoint 幻灯片,包括传统的正式演示、商业展示、会议或非正式的演示,以及在
Internet 上的"虚拟"演示等。

(一)设置切换效果

幻灯片的切换效果是指幻灯片进入和离开屏幕时产生的视觉效果。在演示文
稿中增加切换效果,可使幻灯片过渡衔接得更加自然与贴切,更能吸引观众的
注意。

设置切换效果的具体操作步骤如下:

**步骤1**:选中要设置切换效果的幻灯片。

**步骤2**:选择"幻灯片放映"→"幻灯片切换"命令,打开"幻灯片切换"任务窗
格,如图3-18 所示。

**步骤3**:在该任务窗格中的"应用于所选幻灯片"列表框中选择幻灯片的切换
方式;在"修改切换效果"选区中设置切换速度和声音;在"换片方式"选区中设置
换片方式。

**步骤4**:设置完成后,单击"播放"按钮,即可预览切换效果。

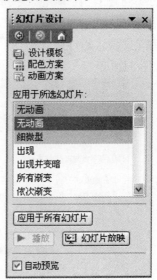

图3-18 "幻灯片切换"任务窗格图　　图3-19 "幻灯片设计"任务窗格

(二)设置动画效果

在幻灯片中设置动画效果,可动态显示幻灯片上的文本、形状、声音、图像和其

他对象,这样既可突出重点、控制信息的流程,还可提高演示文稿的趣味性。设置动画效果的具体操作步骤如下:

**步骤1**:选中要设置动画效果的幻灯片。

**步骤2**:选择"幻灯片放映"→"动画方案"命令,打开"幻灯片设计"任务窗格,如图3-19所示。

**步骤3**:在该任务窗格中的"应用于所选幻灯片"列表框中选择一种动画样式,单击"播放"或"幻灯片放映"按钮,即可完成设置幻灯片的动画效果并预览动画效果。

（三）设置放映方式

PowerPoint提供了演讲者放映、观众自行浏览和在展台浏览3种放映幻灯片的方式,用户可根据需要选取不同的放映方式。

（1）演讲者放映。以全屏幕方式放映幻灯片,是最常用的方式,也是演讲者播放演示文稿或需要将幻灯片放映投射到大屏幕上时的最佳使用方式。

（2）观众自行浏览。用于运行小规模的演示,此时演示文稿会出现在窗口中,并在放映时提供移动、编辑、复制和打印幻灯片等命令,可使用滚动条从一张幻灯片移到另一张幻灯片,同时打开其他程序。

（3）在展台浏览。用于自动运行演示文稿,按照该方式运行时大多数的菜单和命令都不可用,且在每次放映完毕后重新启动。

设置放映方式的具体操作步骤如下:

**步骤1**:选择"幻灯片放映"→"设置放映方式"命令,弹出"设置放映方式"对话框,如图3-20所示。

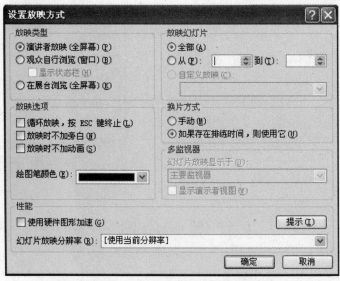

图3-20  "设置放映方式"对话框

　　**步骤2**：在该对话框中的"放映类型"选区中有"演讲者放映""观众自行浏览"和"在展台浏览"三个单选按钮，用户可自定义设置放映类型；在"放映幻灯片"选区中设定具体放映演示文稿中的哪几张幻灯片；在"放映选项"选区中控制是否让幻灯片中所添加的旁白和动画在放映时出现；在"换片方式"选区中设置幻灯片的切换方式。

　　**步骤3**：设置完成后，单击"确定"按钮即可。

（四）设置自定义放映

　　PowerPoint 2003还为用户提供了自定义放映，使演示文稿的放映更加灵活。用户可以使用自定义放映功能，从当前演示文稿中随意抽取一部分，甚至打乱的放映顺序，创建一个自定义放映。

　　设置自定义放映的具体操作步骤如下：

　　**步骤1**：选择"幻灯片放映"→"自定义放映"命令，弹出"自定义放映"对话框，如图3-21所示。

　　**步骤2**：在该对话框中单击"新建"按钮，弹出"定义自定义放映"对话框，如图3-22所示。

　　图3-21　"自定义放映"对话框　　　　图3-22　"定义自定义放映"对话框

　　**步骤3**：在"幻灯片放映名称"文本框中输入幻灯片放映名称。

　　**步骤4**：在"演示文稿中的幻灯片"列表框中列出了当前演示文稿的全部幻灯片，选中其中一张，单击"添加"按钮，即可将其添加到"在自定义放映中的幻灯片"列表框中。

　　**步骤5**：添加一定数量的幻灯片后，在"在自定义放映中的幻灯片"列表框中选中一张幻灯片，单击"向上"按钮或"向下"按钮来调整该幻灯片的顺序。如果要删除"在自定义放映中的幻灯片"列表框中的幻灯片，首先选中该幻灯片，然后单击"删除"按钮即可。

　　**步骤6**：设置完成后，单击"确定"按钮，返回到"自定义放映"对话框中，在"自定义放映"列表框中将显示所设置的自定义放映的名称。

　　**步骤7**：单击"放映"按钮，开始放映自定义演示文稿；单击"关闭"按钮，关闭"自定义放映"对话框，同时用户的自定义演示文稿将保存在自定义放映库中。

　　**步骤8**：单击"从当前幻灯片开始幻灯片放映"按钮，或选择"幻灯片放映"→

"观看放映"命令,或按"F5"键,即可观看幻灯片的放映效果,按"Esc"键可退出幻灯片放映。

## 五、演示文稿的打包和打印

在演示文稿制作完成后,就可对其进行打包和打印操作,以便将演示文稿在其他计算机上进行演示或备用。在演示文稿制作完成后,就可以对其进行打包和打印操作,以便将演示文稿在其他的计算机上进行演示或备用。

### (一)打包演示文稿

所谓"打包"就是指将演示文稿和它包含的链接文件集中在一起,转移到其他的地方。通过"打包"并进行相应设置之后的演示文稿可在没有安装 PowerPoint 的计算机上正常播放,这对演示文稿的传播非常有用。使用"打包向导"打包演示文稿的具体操作步骤如下:

**步骤**1:打开要打包的演示文稿。

**步骤**2:选择"文件"→"打包成 CD"命令,弹出"打包成 CD"对话框,如图 3-23 所示。

**步骤**3:在"将 CD 命名为"文本框中输入打包后演示文稿的名称。

**步骤**4:在"打包成 CD"对话框中单击"添加文件"按钮,弹出"添加文件"对话框,如图 3-24 所示。在该对话框中可添加多个演示文稿。

图 3-23 "打包成 CD"对话框          图 3-24 "添加文件"对话框

**步骤**5:在"打包成 CD"对话框中单击"选项"按钮,弹出"选项"对话框,如图 3-25 所示。在该对话框中可设置多个演示文稿的播放方式和 PowerPoint 文件密码。

**步骤**6:在"打包成 CD"对话框中单击"复制到文件夹"按钮,弹出"复制到文件夹"对话框,如图 3-26 所示。在该对话框中可将整个演示文稿制作成文件夹并存放在相应位置;单击"复制到 CD"按钮,可将演示文稿制作成 CD 盘,在另外的计算机上进行播放。

**步骤**7:设置完成后,单击"关闭"按钮,退出打包向导。

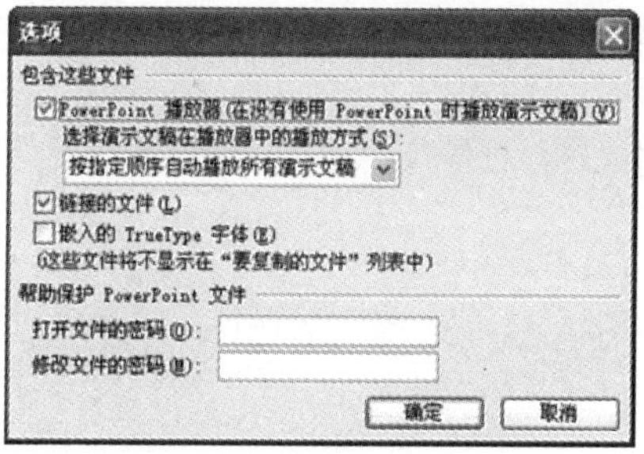

图 3-25 "选项"对话框 　　　　图 3-26 "复制到文件夹"对话框

## (二)打印演示文稿

在打印演示文稿之前,必须设置打印幻灯片的大小,并对其进行预览,查看正确无误时才可进行打印。

打印演示文稿的具体操作步骤如下:

**步骤1**:选择"文件"→"页面设置"命令,弹出对话框,如图 3-27 所示。

**步骤2**:在该对话框中的"幻灯片大小"下拉列表中选择要使用的打印介质;在"宽度"和"高度"微调框中设置打印范围的宽度和高度;在"幻灯片编号起始值"微调框中设置打印幻灯片的起始编号;在"方向"选区中设置幻灯片、备注、讲义和大纲的打印方向,单击"确定"按钮完成设置。

**步骤3**:选择"文件"→"打印预览"命令,或者在"常用"工具栏中单击"打印预览"按钮,打开打印预览窗口,如图 3-28 所示。在该窗口中对将要打印的幻灯片进行预览,完成后,单击"关闭"按钮关闭该窗口。

**步骤4**:选择"文件"→"打印"命令,在弹出的"打印"对话框中进行相应的设置。

**步骤5**:设置完成后,单击"确定"按钮,即可打印指定的演示文稿。

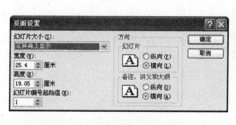

图 3-27 "页面设置"对话框

图 3-28 "打印预览"窗口

【制作演示文稿的注意事项】

在制作 PPT 课件之前,要有一个比较完整的教学设计,这是完成一个优质教学课件的前提。其次,在制作演示文稿时必须注意到以下几点:

(1)教学内容突出——内容不在多,重在精当。开始制作 PPT 时,必须要有个完整的教学设

计。对于教学的重点，要采用突出的字体、颜色或形式，这样学习者才能在众多信息中直接捕捉到关键部分，才不会出现"众里寻他千百度"的尴尬。

（2）导航明确。特征明显的导航能让学习者迅速找到所需信息，减少无谓的时间以及精力浪费。

（3）使用高质量素材——素材不在多，贵在高质。素材用得好，不仅能美化课件、锦上添花，更能令教学内容传达的精确、精美。这里建议教师们平时留心积累好看又好用的课件素材，国内国外也有许多提供素材的网站值得一去。

（4）色彩搭配和排版要适当——色彩不在多，贵在和谐。由于大多数教师对自定义色彩搭配没有较大的把握，所以一般可以直接采用 PPT 提供的配色方案，也可使用专业的配色软件来提供帮助。课件制作中，大部分都是需要突出内容或图像，所以一般对整体色彩的要求是干净简洁；而文字等的排版，同样遵循有详有略，重点突出且简洁明朗的原则。

（5）慎用音乐。在 PPT 课件中添加合适的声音，就对学习者的学习较有帮助。然而，毕竟PPT 本身不是专业的声音处理软件，因此在添加声音时需谨慎，如果声音并不与课件内容相契合，也不能起到优化教学环境的作用的话，则尽量不用。视频也是同理。

（6）画面适当留白。留白不止用于美术中能给人带来联想与美感的作用，在课件制作中，每一张页面都需要有空白。因为面对一张满满的讲稿，学习者的注意力就失去了中心，且给人一种散漫的感觉。所以，画面应适当留白。

# 第二节　概念图与思维导图制作

概念图（Concept Map）的理论基础是 Ausubel 的学习理论，一般由"节点""链接"和"有关文字标注"组成，是一种用节点代表概念，连线表示概念间关系的图示法。

思维导图，又称为心智图，是表达发射性思维的有效的图形思维工具，它简单却又极其有效，是一种革命性的思维工具。思维导图运用图文并重的技巧，把各级主题的关系用相互隶属与相关的层级图表现出来，把主题关键词与图像、颜色等建立记忆链接，思维导图充分运用左右脑的机能，利用记忆、阅读、思维的规律，协助人们在科学与艺术、逻辑与想象之间平衡发展，从而开启人类大脑的无限潜能。思维导图因此具有人类思维的强大功能。

## 一、概念图制作

### （一）概念图基本知识

#### 1.概念图的定义

概念图的创始人 Novak 教授认为，概念图是某个主题的概念及其关系的图形化表示,概念图是用来组织和表征知识的工具。它通常将某一主题的有关概念置于圆圈或方框之中,然后用连线将相关的概念和命题连接,连线上标明两个概念之间的意义关系。概念图又可称为概念构图(Concept Mapping)或概念地图(Concept Maps)。前者注重概念图制作的具体过程,后者注重概念图制作的最后结果。现在一般把概念构图和概念地图统称为概念图而不加于严格的区别。如图 3-29 所示为 Novak,J. D. 概念图模型(1984)。综合其他定义来看,概念图表示了关于某个主题的一组概念间的关系。

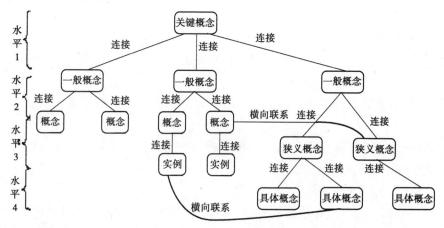

图 3-29  Novak,J. D. 概念图模型(1984)

2. 概念图的四要素

(1)概念(concepts)。概念是感知到的事物的规则属性,通常用专有名词或符号进行标记。

(2)命题(propositions)。命题是对事物现象、结构和规则的陈述,在概念图中,命题是两个概念之间通过某个连接词而形成的意义关系。

(3)交叉连接(cross-links)备注区。交叉连接表示不同知识领域概念之间的相互关系。

(4)层级结构(Hierarchical Frameworks)。层级结构有两个含义:一是指同一知识领域内的结构,即同一知识领域中的概念依据其概括性水平不同分层排布,概括性最强、最一般的概念处于图的最上层,从属的放在其下,具体的事例位于图的最下层;二是不同知识领域间的结构,即不同知识领域的概念图之间可以进行超链接。

3. 概念图的组成

“概念图”是一种知识以及知识之间的关系的网络图形化表征,也是思维可视化的表征。一幅概念图一般由“节点”“链接”和“有关文字标注”组成。

(1)节点。由几何图形、图案、文字等表示某个概念,每个节点表示一个概念,一般同一层级的概念用同种的符号(图形)标识。

(2)链接。表示不同节点间的有意义的关系,常用各种形式的线链接不同节点,这其中表达了构图者对概念的理解程度。

(3)文字标注。可以是表示不同节点上的概念的关系,也可以是对节点上的概念详细阐述,还可以是对整幅图的有关说明。

4. 教学概念图的优势

(1)它们会自动地激发对学习的兴趣,因而使它们更易于为学生所接受,在教室里更有合作精神。

(2)它们会让课堂和宣讲更出自自发行为,更有创造性,更令人喜悦,学生和教师都是如此。

(3)教师的教案不仅不会随着时间增加而变得相对僵硬,反而会更有弹性,更容易更改。在这样一个迅速变化的时代和发展之中,教师需要改变,需要不断迅速而轻易地向教案增加新的内容。

(4)概念图只把相关材料以非常清晰和容易记忆的形式提出来,有利于提高学习效率。

(5)概念图不仅显示了一些事实,而且把事实之间的关系也列出来,这样就让学生对主题有更深入的理解。

5. 教学概念图的应用

(1)辅助教学设计,展示教学内容。教师利用概念图归纳整理自己的教学设计思路,也可在集体备课中共同讨论,集思广益完成教学设计。在通常的备课过程中由于缺乏及时有效的记录和整理,集体讨论效果不好,而且容易跑题。在整个讨论过程中,大家仅仅围绕讨论内容展开话题,由一名教师负责记录下每个教师的观点,通过讨论确定各个部分的教学内容和教学方法。然后将讨论结果进行整理,分别复制给各位教师,这样大家就得到了一份凝聚着集体智慧的教学设计了。这种方式特别对青年教师适用,这样可使他们尽早的熟悉教学规律和教学内容。

(2)辅助学生整理知识概念,是学习活动交流的好工具。概念图清晰地展现了概念间的关系,可以帮助学生理清新旧知识间的关系。

(3)辅助整理加工信息以及反思。在收集和整理资料的过程中,可使用概念图将多个零散的知识点集合在一起,帮助学生从纷繁的信息中找到信息间的联系。学生可利用概念图来分析复杂知识的结构。学生来制作概念图,能够激发他们的学习兴趣,促使学生积极思考,加强对知识的理解,也增强了他们的成就感,促进学生学习能力的提高。另外,也使他们在制作概念图的过程中体会、观察知识间的关系,甚至发现自己从来没有注意和意识到的各个知识间的关系,从而产生一些具有创新性的理解,达到创新性的学习之目的。通过概念图的制作、修改、反思和再设计的往复循环,可以不断完善概念图,学会反思自己的学习过程,从而学会自我导向学习。

(4)课堂与讲演。教师可以用一张大黑板、白板和活动挂图,或者用悬挂投影机在课程进行当中画出相应的概念图部分。把思想过程的回忆用外部设备表现出来,有助于把课程的结构弄清楚。它还能保持学生的注意力,并加强他们的记忆能力和对内容的理解。"骨架"概念图也可分发给学生,让他们去完成。概念图对帮助那些有学习缺陷的人特别有用,使学习缺失的大脑从语义学的局限中解放出来。

除此之外,概念图还可用于教学活动中的讲课笔记、考试、协作学习和指导学生进行研究性学习等。

### (二)概念图制作的基本方法

概念图可采用徒手方式绘制,如粉笔、黑板、纸和笔等,也可用平常的办公应用软件如 Office、WPS 绘制。针对概念图的特点,国外开发出概念图的专业制作工具。如:Inspiration 等。无论是利用手工还是软件,它们的基本思路和基本步骤是一致的,都要阐述概念和概念的联系,表达对概念的理解。由图 3-30 可对概念图的大致形式有个了解。概念图制作的基本方法如下:

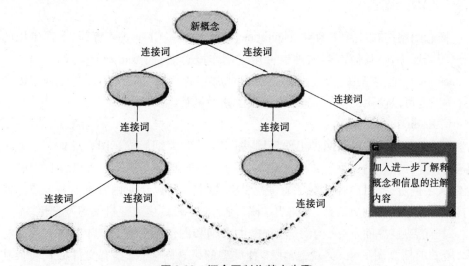

**图 3-30　概念图制作基本步骤**

(1)认定中心主题。确定你希望利用概念地图理解的问题焦点、知识或概念,并用这个焦点主题作导引,找出与中心主题相关的概念,并罗列出来。

(2)将列出来的概念排序。把一般、最抽象和最具涵盖性的概念放在最高位置。在拣选最高层概念时可能会遇上困难,反思中心主题的引导方向可以有助于概念排序。这个过程可能需要反复思考、修正或乃至重新确定概念地图的中心主题。

(3)将其余的概念按层级排放在列表上。

(4)开始制作概念地图:把一般、最抽象和最具涵盖性的概念放在最高位置,在最高层的位置通常只会有两至三个概括性的概念。

(5)随后将往下的二、三、四层的子概念放置在概念地图上。

(6)将概念用画线连上。在连接线上写上合适的连结词。连结词必须清晰表达两个概念之间的关系,使之成为简单、有效的命题。由连结制造意义。当大量相关的概念连结起来并形成层次后,便可看到对应某一知识、命题、中心主题的意义架构。

(7)重新整理概念地图的结构。这包括为概念地图进行概念的增减或改变上下层关系等。这可能需要进行多次的整理,但也正是这些整理的过程能带来新的启示和有意义的学习。

(8)在不同分支的概念之间寻找有意义的"横向连结",并在连线上用连接词标明关系。横向连结能有效地帮助在某一知识范畴内看到新的关系。

(9)仔细、具体的例子可以用简图或代表符号附在概念上。

(10)知识或问题的表达不止是一种形式:对同一系列的概念,可以运用不同结构的概念地图来表现。

(三)概念图制作软件

概念图制作软件常用的有 Inspiration、Kidspiration、CmapTool 等,除上述专用的概念构图系统外,其他许多软件也可用于制作概念图,如 Authorware、Word、画笔、Netmeeting 中的共享白板等。这些软件都非常容易掌握,因此,不仅是教师可以使用,学生也可以使用,为学生学习又提供了新的工具。

1. Inspiration 简介

Inspiration 软件提供两种工作环境:图表形式和大纲形式。图表形式利于显示各要点之间的联系;大纲形式利于组织书写文件的要点。使用者可借助这个软件组织文字内容,拟写内容大纲。通过视觉上的刺激,可以让使用者更清楚要点之间的联系,使思维活动更活跃,思路更清晰,较之文字段落更能促进学习及记忆。

其优点是:界面友好,构图方便;提供大纲和图形两种视图;自带丰富的图标库,所做的概念图形象、美观;提供多种类型的概念图模板;具有文件格式转换功能,可将图形文件存为 BMP、JPG、GIF、WMF、HTML 格式,将大纲文件存为 RTF、HTML 格式。

其缺点是:Inspiration 是单机运行的软件,不支持网络功能;从概念构图教学来看,Inspiration 只提供概念构图功能,不能全面支持概念构图的教学活动。

2. Inspiration 功能介绍

(1)Inspiration 的主要特点是:①便捷的视图切换功能。②丰富的符号库和模板。③良好的兼容性。

(2)Inspiration 主要菜单与功能键:

①图表视图界面(见图3-31)。图表视图下的工具栏中各个功能键的作用如下:

大纲视图:可以在大纲视图和图表视图这两种操作界面的视图方式之间进行切换。打开 Inspiration 时默认界面是图表视图,单击则可实现切换。

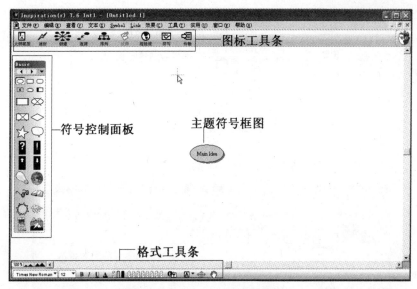

**图 3-31 Inspiration 主界面窗口**

速射：即闪电按钮，用于捕捉转瞬即逝的念头，快速创建概念框图。选中目标框图，单击闪电工具按钮，框图出现红色标记时，输入即可。

创建：用于增加互相连接的符号框架。在视图界面中，可以利用创建工具增加相互连接的符号框图。

连接：用来连接两个符号框图。首先选中需要连接的框图，再按下连接按钮不放，然后单击要连接的目标框图，即可完成连接。如要修改连接线，只要单击改变框图上的落点即可。

排列：创建不同排列风格的图形。单击之后，在弹出的对话框中选择需要的模板样式。

注释：为符号边框添加注释。选中目标框图，单击注释按钮，弹出黄色框图，在框图中输入注释内容。单击目标框图右上方图示，即可隐藏注释条及注释内容。

超链接：为选中的对象添加超链接。选中要插入超链接的框图，选择或手动输入所要链接的文件或路径。

拼写：检查拼写是否规范。选中需要检查的文本，单击拼写按钮，即可进行拼写检查。

传输：将概念图以其他格式展示出来，如 Word 文档。完成概念图的制作后保存，然后单击传输按钮，选择传输格式即可实现。

此外，其他按钮符号说明如图 3-32 所示。

②大纲视图界面。将图表视图转换为大纲视图后，原来的信息内容结构会按照习惯的层次展现。打开软件，单击大纲视图按钮，即可迅速切换到大纲视图界面，见图 3-33 所示。

图表视图：此时为大纲视图，单击则可切换至图表视图。

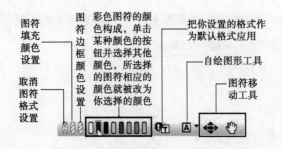

**图 3-32 Inspiration 其他按钮及功能**

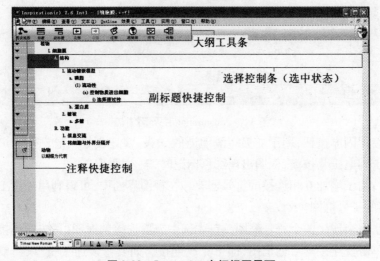

**图 3-33 Inspiration 大纲视图界面**

标题:在鼠标选中处插入一个相同层次级别的概念。

副标题:在鼠标选中处插入一个低一层次的概念。

左移:用来改变概念的层次级别,左移即提升一个层次。

右移:用来改变概念的层次级别,右移即降低一个层次。

# 二、思维导图制作

## (一)思维导图基本知识

### 1.思维导图的定义

思维导图,又称为心智图,是表达发射性思维的有效的图形思维工具,它简单却又极其有效,是一种革命性的思维工具。思维导图运用图文并茂的技巧,把各级主题的关系用相互隶属与相关的层级图表现出来,把主题关键词与图像、颜色等建立记忆链接,思维导图充分运用左右脑的机能,利用记忆、阅读、思维的规律,协助人们在科学与艺术、逻辑与想象之间平衡发展,从而开启人类大脑的无限潜能。思维导图因此具有人类思维的强大功能。

　　1971 年"大脑先生"东尼·巴赞开始慢慢形成了发射性思考(Radiant Thinking)和思维导图法(Mind Mapping)的概念。思维导图是大脑放射性思维的外部表现,它利用色彩、图画、代码和多维度等图文并茂的形式来增强记忆效果,使人们关注的焦点清晰地集中在中央图形上。思维导图允许学习者产生无限制的联想,这使思维过程更具创造性。

　　2. 思维导图的十要素

　　(1)核心主题。可以是这一张图的主题内容,也可以是这张图的标题。

　　(2)细化后的主题。把这些合在一起就成了这一张思维导图要表达的中心思想。

　　(3)副主题。对细化后的主题的再次补充扩展延伸。

　　(4)附加主题。即对一些特定主题的额外增补信息。

　　(5)浮动主题。对核心主题的补充与延伸,有时也会将一些难以归类的信息就放到此处。

　　(6)关系链。主题与主题之间那些可视化的箭头。

　　(7)边框。思维导图内对枝状架构的强调。

　　(8)标记符号。例如(一)(二)(三),清晰易辨是首要。

　　(9)注释。可以是自己的心得,或者是从别的资料上找到的信息。

　　(10)超链和附件。链接到指向那些认为跟此思维导图有关的网页或文件。

　　3. 思维导图的组成

　　(1)主题。思维导图中最顶层的内容,是导图中被关注的核心焦点,所有其他内容均围绕该主题展开。主题的位置可根据使用者的布局偏好等进行设置。

　　(2)主要分支。由主题中直接发展出来的分支,主要分支常被称作一级分支。

　　(3)分支。思维导图中除了主题以外的单元都是导图的分支,主要分支甚至主题也是分支的一种,所以可将它们统称为分支。

　　(4)层次或级。用于表示分支与主题直接或间接相关的程度。主要分支是第一级分支,与主要分支直接相关联的是第二级,以此类推。

　　(5)注释框分支。思维导图分支中的一种,一般跟随一个特定的分支起到注释作用。

　　(6)节点。分支与下一级分支的汇集点。单击则可展开或可隐藏下级分支。

　　4. 思维导图的教学优势

　　(1)使用思维导图进行学习,可成倍提高学习效率,增进理解和记忆能力。如使用者将关键字、颜色及图案等联系起来,吸引了我们的注意力也加深了我们的记忆。

　　(2)把学习者的主要精力集中在关键的知识点上。你不需要浪费时间在那些无关紧要的内容上。节省了宝贵的学习时间。

　　(3)思维导图具有极大的可伸缩性,它顺应了我们大脑的自然思维模式。从而,可以使我们的主观意图自然地在图上表达出来。它能够将新旧知识结合起来,能否具有建立新旧知识之间的联系是学习的关键。

作为一种常用的笔记工具,与传统笔记相比,思维导图对我们的记忆和学习产生的关键作用有:

(1)只记忆相关的词可节省时间:50%~95%。

(2)只读相关的词可节省时间:90%多。

(3)复习思维导图笔记可节省时间:90%多。

(4)不必在不需要的词汇中寻找关键词可省时间:90%。

(5)集中精力于真正的问题。

(6)重要的关键词更为显眼。

(7)关键词并列在时空之中,可灵活组合,改善创造力和记忆力。

(8)易于在关键词之间产生清晰合适的联想。

(9)做思维导图时,人会处在不断有新发现和新关系的边缘,鼓励思想不间断和无穷尽地流动。

(10)大脑不断地利用其皮层技巧,起来越清醒,越来越愿意接受新事物。

思维导图的优势。能够清晰的体现一个问题的多个层面,以及每一个层面的不同表达形式,以丰富多彩表达方式,体现了线性、面型、立体式各元素之间的关系,重点突出,内容全面,有特色。

5.思维导图的教学应用

(1)帮助师生掌握正确有效的学习方法策略,更快、更有效地进行课本知识的传授,促进教学的效率和质量的提高。在制作思维导图的过程中,会涉及如何快速的阅读和信息整理的内容。通过在整理和绘制思维导图的过程关键词和核心内容的查找可以更好的帮助老师和学生们,加强对所学知识的理解并将所学内容进一步的加以深化。

(2)建立系统完整的知识框架体系,对学习的课程进行有效的资源整合,使整个教学过程和流程设计更加系统、科学有效。利用思维导图进行课程的教学设计,会促成师生形成整体的观念和在头脑中创造全景图,进一步加强对所学和所教内容的整体把握,而且可根据教学过程和需要的实际情况作出具体的、合理的调整。

(3)开展头脑风暴。

(二)思维导图制作的基本方法

1.思维导图制作的一般要求

【主题部分】

(1)最大的主题(文章的名称或书名)要以中央图形的形式体现出来。

(2)中央图要以三种以上的颜色。

(3)一个主题一个大分支。思维导图把主题以大分支的形式体现出来,有多少个主要的主题,就会有多少条大的分支。

(4)每条分支要用不同的颜色,可对不同主题的相关信息一目了然。

**【内容要求部分】**

(1)运用代码。插图不但可以更强化每一个关键词的记忆,同时也突出关键词要表达的意思,而且还可以节省大量的记录空间。当然,除了这些小的插图,还有很多代码可以使用。比如厘米可以用 cm 来代表,可用代码的尽量用代码。

(2)箭头的连接。各主题之间会有信息相关联的地方,这时,可以把有关联的部分用箭头将其连起来,这样就可以很直观地了解到信息之间的联系。如果在分析信息时,有很多信息是相关的、有联系的,但是,如果都用箭头相连接起来会显得比较杂乱,解决这个问题的方法就是运用代码,用同样的代码在他们的旁边注明,看到同样的代码时,就可以知道这些知识之间是有联系的。

(3)只写关键词,并且要写在线条的上方。思维导图的记录用的全都是关键词,这些关键词代表着信息的重点内容。

**【线条要求部分】**

(1)线长=词语的长度。思维导图有很多线段,它的每一条线条的长度都是与词语的长度是一样的,这样既节省了空间又便于记忆。

(2)中央线要粗。思维导图体现的层次感很分明,最靠近中间的线越粗,越往外延伸的线就越细,字体也是越靠近中心图的最大,越往后面的就越小。

(3)线与线之间相连。思维导图的线段之间是互相连接起来的,线条上的关键词之间也是互相隶属、互相说明的关系,而且线的走向一定要比较平行,换言之,线条上的关键词一定要让你自己能直观地看到。

(4)环抱线。有些思维导图(手绘多见)的分支外面围着一层外围线,称为环抱线,这些线有两种作用:第一,当分支多时,用环抱线把它们围起来,能让你更直观地看到不同主题的内容;第二,可以让整幅思维导图看起来更美观。

2.思维导图制作的原则

(1)导图中央也是整个思维的中央,应用一个彩色图形或符号开始作图。

(2)由中央图形引出的线条要粗一些,色彩明显一些,印刷字体大一些。

(3)大脑思维联想的紧密联系决定着导图线与线之间均应建立联系。

(4)字体应清晰易辨。

(5)每条线上有且只有一个关键词。

(6)整个导图中都要使用色彩。

(7)整个导图中都要使用图像。

(8)整个导图中都要使用代码和符号。

(三)软件制作思维导图

思维导图常用的制作软件有 MindManager、FreeMind、MindMapper、NovaMind、ShareMind 等。其中由美国 Mindjet 公司开发的 MindManager,有着直观、友好的用户界面和丰富的功能,同 Microsoft 软件无缝集成,很受欢迎。

1. MindManager 简介

MindManager 是一款用于进行知识管理的可视化通用软件,该软件功能丰富,简单易用,快速上手,特别适合于进行思维导图的创建和管理。该软件特别有利于进行发散性思维和头脑风暴法,使得用户可以将脑中的各种想法和灵感记录下来,进行知识的创新和分享。MindManager 还可以和其他许多软件,如 PowerPoint、Word、Excel、AdobeReader 等进行关联,进行内容的导入和导出,此项功能大大拓展了 MindManager 的应用范围和深度。

2. MindManager Pro 功能简介

(1)MindManager Pro 的主要特点。

①快速捕捉思想。图形化映射界面易于使用,令你的思想快速文档化。

②轻松组织信息。通过拖放操作,轻松移动图形内容,令你更快的开发思想,构建更完美的计划。

③创建内容丰富的可视化图形。绘制不同思想直接的关系,向重要信息添加编号和颜色以达到突出强调的目的,使用分界线将同类思想分组,插入图标和图片以方便自己和他人浏览大图。

④提交功能强大的报告。使用 MindManager Presentation 模式将您的图形显示给他人,或者将图形内容导出到 Microsoft PowerPoint 中,令复杂的思想和信息得到更快的交流。

⑤同 Microsoft Office 无缝集成。同 Microsoft 软件无缝集成,快速将数据导入或导出到 Microsoft Word、PowerPoint、Excel、Outlook、Project 和 Visio 中。

⑥图形共享。可以将您的图形通过 E-mail 方式发送给朋友或同事,也可以发布为 HTML 并张贴到 Internet 或 Web 站点上。

(2)MindManager Pro 主要菜单与操作,如图 3-34 所示。

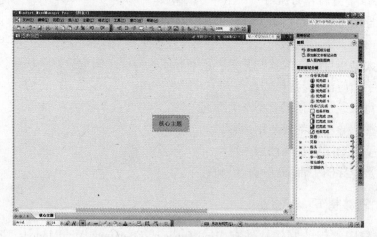

图 3-34  MindManager Pro **操作界面**

【添加主题操作】

主题(Topic)。形成主题的主要观点,快捷键为“Enter”。可单击工具栏插入主题按钮;单击菜单栏“插入”→“主题”命令。双击主题,输入文字,再按“Enter”键结束操作。

子主题（Subtopic）。为主题添加的更详细的分类信息,快捷键为"Insert"。

图 3-35　插入主题、子主题等操作窗口

附注主题、浮动主题与子主题功能相同,都是为某一特定主题添加评论或者更多的信息资料。具体操作是:选中上一级主题,之后可按"Insert";也可单击工具栏插入子主题按钮,如图 3-35 所示;单击右键,选择"插入对象"→"插入子主题"命令;再单击菜单栏"插入"→"子主题"命令。双击主题,输入文字,再按"Enter"键结束操作。

附注主题（Callout）。为某一特定主题或关联添加的额外信息,快捷键为"Ctrl + Shift + Enter"。首先选中一个母主题或者一个关系箭头,然后按"Ctrl + Shift + Enter";也可单击工具栏插入附注主题按钮,如图 3-35 所示;单击右键,选择"插入对象"→"插入附注";单击菜单栏"插入"→"标注主题"命令。双击主题,输入文字,再按"Enter"键结束操作。

浮动主题（Floating Topic）。为导图添加的补充资料或者标签,鼠标单击空白处,直接输入主题。选中一个主题之后单击窗口空白处直接输入文字（前提是看到一个蓝色箭头出现时）;单击工具栏插入浮动主题按钮;单击菜单栏"插入"→"浮动主题"命令。双击主题,输入文字,再按"Enter"键结束操作。

**【添加额外主题操作】**

注释:添加详细注释。

超链接:添加其他文件、图片或者地址的超链接。

（3）添加其他元素操作。

关联:连接相关的主题。

边框:以边框的形式突出或者组合某部分主题。

# 第三节　动画制作

动画制作可分为二维动画制作（以 Flash 为主）、三维动画制作和定格动画制作,二维动画和三维动画是当今世界上运用得比较广泛的动画形式。动画制作应用的范围不仅仅是动画片制作,还包括影视后期、广告以及教育教学等方面。

Flash 是 Macromedia 公司的一个的网页交互动画制作工具, 我们可以从 Macromedia 公司的官网上下载 Flash 的试用版。Flash 是 Micromedia 公司推出的网页设计和网页动画制作软件。Flash 支持动画、声音和交互,具有强大的多媒体编辑功能,可设计出引导时尚潮流的网站、动画、多媒体及互动影像。Flash 采用矢量技术,生成的文件容量小,适合网络传输;此外,Flash 的播放插件很小,很容易下载和安装,通用性强,在各浏览器中都是统一的样式。在 Flash 中可整合图形、音乐、视频等多媒体元素,并可实现用户与动画的交互。它与互联网紧密结合,适合制作 Web 页和站点。交互性更是 Flash 动画的迷人之处,动画的播放可通过单击按钮、选择菜单来控制。正是有了这些优点,Flash 成为了教育教学动画制作的主要软件。

## 一、Flash 8 基础知识

### (一)Flash 8 常用术语

**1. 流技术**

"流技术"是指通过 Internet 观看 Flash 动画时可边下载边演示,而不需要将一个动画文件完全下载后才能观看。就好像一条河流,资源源源不断地从服务器流向客户端,用户在接收其他数据的同时应用程序已经开始接收一部分数据。互联网的带宽对于不断庞大的用户群来说,永远是拥挤的,而流技术可以让用户在有限的带宽上感觉到更加流畅的速度,这也就是 Flash 如此流行的原因之一。

**2. 矢量图与位图**

矢量图与位图的区别在于同样尺寸和分辨率的位图和矢量图,位图文件所占用的磁盘空间要大得多,如果要增加图像的分辨率和尺寸,位图文件的大小将成倍增加,而矢量图的文件大小则不会变化。Flash 采用矢量图作为动画素材,从而大大减少了动画文件的体积,再配合先进的流技术,就可以在非常窄的带宽上同样实现令人满意的动画效果。

**3. 舞台与场景**

舞台是在创作时能够观看自己作品的场所,也是对作品中的对象进行编辑、修改的场所,可以说是一个制作范围。对于没有特殊效果的动画,在舞台上也可以直接播放。

场景就像话剧中所谓的"幕",一场话剧会有很多个"幕",同样的,一个动画作品经常也会有多个场景。同一场景具有相同的背景、相同的角色和连贯的剧情。在 Flash 中设置不同的场景主要是为了方便管理动画。

**4. 时间轴**

时间轴是用来表示动画中各帧的排列顺序和各层的覆盖关系的主线。它决定了动画的播放顺序,是 Flash 动画的生命线,如图 3-36 所示。

**5. 帧与关键帧**

(1)帧的基本类型。在 Flash 中帧是构成动画作品的基本单位,其主要包括关

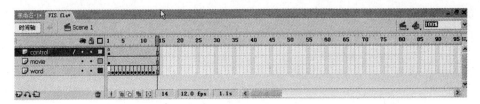

图 3-36 时间轴

键帧、空白关键帧两种类型。

①关键帧。关键帧是决定一段动画的必要帧,其中可以放置图形、文字等对象,除此之外,还可对对象所包含的内容进行编辑。

②空白关键帧。空白关键帧就是什么内容都没有的关键帧,在默认情况下,每一图层的第 1 帧均为空白关键帧,在空白关键帧上放置内容后可转为关键帧。

(2)帧的显示。利用时间轴可以方便地对帧进行编辑。时间轴上的每一个小方格代表一帧。

(3)帧的创建与编辑。在时间轴上选中要插入关键帧的格子,单击鼠标右键,在弹出的快捷菜单中执行"插入关键帧"命令,即可在时间轴上插入一个关键帧。Flash提供了强大帧编辑功能。在时间轴上单击鼠标右键,在弹出的快捷菜单中列出了各种编辑帧的方法,如图 3-37所示。

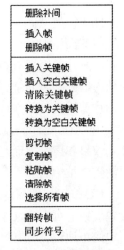

图 3-37 编辑帧快捷菜单

### 6. 图 层

图层技术是在图形处理软件中较常见的一个名词。由于在 Flash 动画中也有多个对象需要编辑处理,为了便于控制各个对象出场顺序以及在时间轴上的停留时间,Flash 引用了图层技术。在 Flash 中可以将图层看成是叠放在一起的透明胶片,当该图层上没有任何对象时,就可以透过它看到下一图层中的对象。因此,可根据需要在不同层上编辑不同的动画而互不影响,并在放映时得到合成的效果。

(1)图层的管理。在 Flash 中,图层的管理主要是通过"时间轴"面板来进行的,如图 3-38 所示。

(2)图层的编辑。对图层的编辑主要有"选择图层""插入图层""删除图层""复制图层""图层重命名""改变图层的顺序"和"更改图层的属性"等操作。

### 7. 标 签

标签是为了标识一些重要的关键帧或控制影片播放的流程而设置的一种标记。

### 8. 元 件

在 Flash 中元件是一些物件的统称。可将其分为影片剪辑元件、图形元件和按

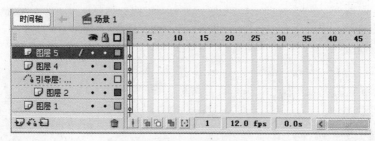

图 3-38　图层窗口

钮元件 3 种类型。

(1)影片剪辑元件。影片元件本身就是一段动画,具有互动功能,还可以播放声音。影片剪辑拥有独立于主时间轴的多帧时间轴。可以将影片剪辑看做是主时间轴内的嵌套时间轴,其中可包含交互式控件、声音甚至其他影片剪辑实例。也可将影片剪辑实例放在按钮元件的时间轴内,以创建动画按钮。

(2)图形元件。通常是用来保存静态图像,也可制作成动画,但是不能产生交互式效果和声音。而且这种动画执行时是与主动画同步运行的,即主动画停止,它也就随之被中断。

(3)按钮元件。使用按钮元件可以创建响应鼠标单击、滑过或其他动作的交互式按钮。可以定义与各种按钮状态关联的图形,然后将动作指定给按钮实例。

简单地说,所谓的元件就是在元件库中存放的各种图形、动画、按钮或从外部导入的声音和外部电影文件。此处的图形可以是内部创建的矢量图,也可以是从外部导入的位图文件等多种 Flash 8 支持的图形格式文件。可以先制作或导入一些元件,然后将其存在库中。当在制作动画时,可打开库文件,直接引用其中的元件,所引用的只是该元件产生的一种复制品而已。在 Flash 8 中创建元件的方法主要有:将已存在的对象转换成元件、创建一个全新元件、导入外部元件和创建公用元件库 4 种方法。

**9.素材与素材库**

素材就是前面所介绍的元件,Flash 管理动画素材有着自己独特的方法,素材是 Flash 中最重要的概念之一。如果动画中重复出现某些对象,在 Flash 中可以将这些对象创建成素材,保留在素材库中。同一个素材无论使用多少次,它都仅在文件中保留一份,从而大大减小了动画文件的体积。素材库中的素材不仅可以在当前动画中使用,而且还可以在其他动画文件中共享,素材库也就是元件库。

如何管理、使用元件库呢? 常用操作主要有:新建文件夹、给文件夹重命名、向文件夹中加入元件、展开和卷起文件夹、在元件库中为元件排序、改变元件的类型。

**10.实　例**

将素材库中的素材拖动到舞台后,就会变成一个实例,即实例是元件在舞台上的体现。每一个实例都会连接一个元件库中的元件,其基本属性是从素材中获得的,每一个实例还拥有自己的名字和特性,因此,无论素材被复制了多少个实例,各个实例都是可以独自运行的。即实例就是将元件从元件库中拖动到舞台上创建一个该元件的引用。表示了由元件创建的三个实例,这些实例分别是实例原形、经过缩放和旋转后的效果。

（二）Flash 8 工作界面

1. 工具箱

工具箱中包含了制作动画的最常用工具。这些工具主要是完成图形对象的绘制、上色等操作。掌握好绘图工具的使用是制作动画的基础。工具箱由绘图工具、视图工具、颜色工具和辅助工具组成,如图3-39 所示。

2. 时间轴

时间轴是用来表示动画中各帧的排列顺序和各层的覆盖关系的主线。它决定了动画的播放顺序,时间轴如图3-40 所示。

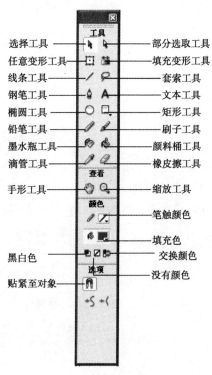

图 3-39　工具箱

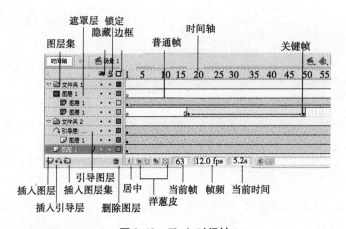

图 3-40　Flash 时间轴

3. 设计面板

对齐面板、信息面板、混色器面板和颜色样本,如图 3-41 所示。

4. 开发面板

动作面板、行为面板、调试器面板、影片浏览器、输出面板、组件面板以及组件检查器。

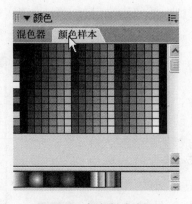

图 3-41　颜色样本窗口

**5. 其他面板**

属性面板、场景面板和字符串面板，如图 3-42 所示。

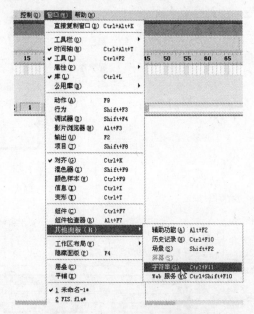

图 3-42　其他面板窗口设置菜单

（三）Flash 8 动画制作流程

利用 Flash 制作动画效果，其制作流程如下：

①脚本编制；

②设置场景和文档属性；

③创建动画元素；

④制作动画效果；

⑤动画的保存、输出与发布。

## 二、Flash 8 绘图基础

### （一）图形

#### 1. 矢量图和位图

（1）矢量图形。矢量图形，也称绘图图像，是数学上定义为一系列点与点之间的关系。矢量文件中的图形元素称为对象。每个对象都是一个自成一体的实体，它具有颜色、形状、轮廓、大小和屏幕位置等属性。在维持原有清晰度的同时，多次移动和改变它的大小，都不会影响图例中的其他对象。矢量图的这种移动和改变大小都不会影响图形质量的特性，特别适用于机械制图和三维建模，因为矢量图形通常要求需要创建和操作单个对象。

（2）位图图形。位图图像（也可称为栅格图像）使用颜色网格（也就是常说的像素）来表现图像。每个像素都有自己特定的位置和颜色值。在编辑位图图像时，所编辑的是像素，而不是对象或形状。

位图图像的分辨率不是独立的，因为描述图像的数据是对特定大小栅格中图像而言的，这些栅格能完整地表现出阴影和颜色的细微层次。位图图像的质量好坏与图像分辨率的关系十分密切，它们包含固定数量的像素点，在相同的单位范围内存在的像素点越多，则图像就表现得越细腻。如果在屏幕上对位图图像的某一部分放大显示后，将会呈现出模糊的锯齿状。

#### 2. 图形绘制工具

（1）线条工具。

①线条的绘制。若要在 Flash 中绘制线条，则需在工具箱中选择"线条工具"，然后将鼠标移到舞台中，按住鼠标左键拖动，即可绘制出线条。

②线条的编辑。在舞台上创建好线条后，还可对其进行编辑，包括更改线段端点位置，调整线段弧度等操作。

（2）椭圆工具。

①椭圆图形的绘制。若要在 Flash 中绘制线条，则需在工具箱中选择"椭圆工具"，然后将鼠标移到舞台中，按住鼠标左键拖动，即可绘制出椭圆。拖动同时按住"Shift"键，则绘出圆形。

②椭圆图形的编辑。同线条编辑相似，也可在属性面板进行修改，如图 3-43 所示。

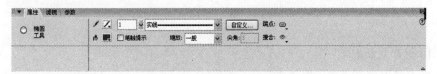

**图 3-43 修改属性面板**

（3）矩形工具。在 Flash 的工具箱中选择"矩形工具"，可发现其工具箱下方的矩形工具修改器和椭圆工具修改器类似，不同之处在于矩形修改器上多了一个生成圆角的按钮。由于和椭圆工具的类似性，在利用矩形工具绘制图形时，只需要掌握如何绘制圆角矩形以及多边形即可。

①绘制圆角矩形；

②绘制多边形。

（4）铅笔工具。在 Flash 中，可利用"铅笔工具" 绘制任意曲线和直线，在利用"铅笔工具"绘制线条时，其线条主要有笔触颜色、笔触样式和笔触高度三种属性。其中，笔触颜色可以使用"混色器"面板中的"笔触颜色"按钮设置线条色，而笔触样式和笔触高度则在"属性"面板中设置。其设置方法与"线条工具"相同。

（5）刷子工具。在 Flash 中，可利用"刷子工具" 在舞台上绘制出不同色彩的图形，借助于刷子工具的修改器，则可绘制出复杂的显示效果。当在工具箱中选择了"刷子工具"后，还可以在工具箱下方的"选项"选区中选择刷子大小和形状。

①标准绘画；

②颜料填充；

③后面绘画；

④颜料选择；

⑤内部绘画。

（6）橡皮擦工具。在 Flash 中，使用"橡皮擦工具" 可擦除舞台中的图形对象，它提供了多种擦除模式来擦除图形的轮廓线和填充色。

①擦除模式；

②水龙头模式；

③橡皮擦形状。

（7）钢笔工具。钢笔工具是以贝塞尔曲线的方式绘制和编辑图形轮廓的工具。在 Flash 中，使用"钢笔工具" 可以精确地绘制出直线路径和曲线路径。使用它绘制出来的线段可以作进一步地调整，如调整直线段的角度和长度、曲线段的斜率等。

①使用钢笔工具绘制直线；

②使用钢笔工具绘制曲线；

③使用钢笔工具调整节点；

④钢笔工具的参数设置。

（二）文本

1. 设置文本属性

在工具箱中选择"文本工具"，此时可在"属性"面板中设置文本和段落的属性，包括文本类型、字体、大小、颜色、风格、对齐方式等常见属性。

**2. 创建文本**

在 Flash 8 中有 3 种文本类型,即静态文本、动态文本和输入文本,如图 3-44 所示。

**图 3-44　创建文本窗口**

①创建静态文本;

②创建动态文本,指的是文字内容可以自动更新的对象;

③创建输入文本,指的是可以在其中由用户输入文字并提交的文本对象。

**(三)颜色处理**

**1. 颜色样本**

Flash 中默认使用的颜色样本是 Web 安全调色板,它具有 216 种颜色,可根据自己的要求,对调色板进行编辑修改。修改颜色样本上的颜色,可通过颜色样本面板来完成。执行"窗口/颜色样本"菜单命令或按"Ctrl + F9"组合键,将打开如图 3-45 所示的"颜色样本"面板。面板分为上下两部分:上面部分是单色颜色样本,下面部分是常见的渐变颜色样本。在制作动画过程中,可根据需要选取颜色样本中的颜色。

**2. 混色器面板**

执行"窗口/混色器"菜单命令,弹出"混色器"面板(见图 3-46)。用鼠标单击选色板上不同的地方,即可为填充色选取不同的颜色。

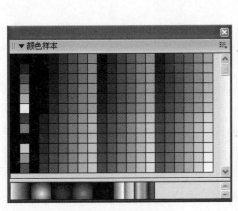

**图 3-45　颜色样本**

**图 3-46　混色器面板**

**3. 墨水瓶工具**

使用颜料桶工具可以填充任意闭合图形,但是不能对线条进行填充。在工具箱中选择"颜料桶工具"，并在工具箱下方的"选项"选区中将会有一个填充属性按钮,单击该按钮,则可弹出一个快捷菜单,在菜单中显示了不同的填充属性,如图 3-47 所示。

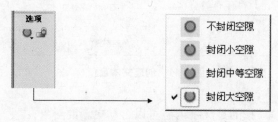

图 3-47　填充属性设置

**4. 颜色的处理**

墨水瓶工具可以同时修改多个对象的描绘属性,主要用于修改矢量曲线的颜色、形状和宽度。

在工具箱中选择"墨水瓶工具"后,按前面设置线条属性的方法在"属性"面板中设置所需线条的颜色、样式、粗细等属性,然后用鼠标单击编辑区中的矢量曲线,即可将设置的属性应用于该矢量曲线。如果用鼠标单击的不是线条而是区域,则将修改该区域的轮廓线;如果该区域没有轮廓线,则自动增加轮廓线。

**5. 填充变形工具**

"填充变形工具"主要用来编辑渐变色和位图填充的方向、大小和中心位置。下面将分别介绍如何利用"填充变形工具"来编辑线性填充、放射状填充以及位图填充图形的方向、大小和中心点。

①编辑线性填充图形样式;
②编辑放射状填充图形样式;
③编辑位图填充图形样式。

**(四)编辑工具**

**1. 套索工具**

"套索工具"用于对物体进行不规则选取,当在工具箱中选择"套索工具"后,它包括以下 3 种选项。

①"魔术棒"。保持此项不被选中,可像铅笔工具一样沿对象轮廓进行大范围的自由框选操作。

②"魔术棒属性"。单击此项将弹出"魔术棒设置"对话框。

③"多边形模式"。用于对不规则图形进行比较精确的选取,其功能与Photoshop 中的套索工具的功能相同。

**2. 任意变形工具**

"任意变形工具" ▫ 的主要功能是用以任意调整被选择对象的旋转角度、缩放、扭曲和倾斜等操作,可以更方便地完成对物件的变形操作。任意变形工具的辅助工具有旋转与倾斜、比例缩放、封套和扭曲。

**3. 部分选择工具**

"部分选择工具" ▫ 是以贝赛尔曲线的方式编辑轮廓。当用部分选择工具选取对象的轮廓时,在轮廓线上会出现若干个调节点,这时可以用部分选择工具拖动它们或拖动它们的切线来改变对象的轮廓形状。当选中一个节点时还可用"Delete"键删除这个节点。

（五）对象的组合与分离

**1. 对象的组合**

执行"修改"→"组合"命令,可以将多个对象组合为一个整体,对这个整体进行单独的编辑。

**2. 对象的分离**

执行"修改"→"分离"(Ctrl + B)命令,可以将整体图形对象打散,将打散的图作为一个可编辑的元素进行编辑。

## 三、Flash 8 基础动画制作

动画是由一幅幅静止的图像,按照一定的速度连续播放形成的画面。Flash 8 中可以制作逐帧动画、形状补间动画和动作补间动画 3 种类型的动画。

（一）逐帧动画

在时间帧上逐帧绘制帧内容称为逐帧动画,由于是一帧一帧地画,所以逐帧动画具有非常大的灵活性,几乎可以表现任何想表现的内容。逐帧动画在时间帧上表现为连续出现的关键帧,如图 3-48 所示。

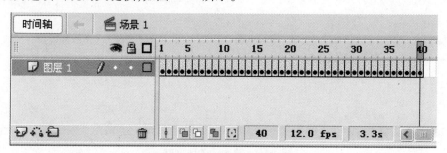

**图 3-48　逐帧动画的时间轴**

创建逐帧动画的几种方法:

①用导入的静态图片建立逐帧动画；

②绘制矢量逐帧动画；

③文字逐帧动画；

④指令逐帧动画；

⑤导入序列图像。

## （二）形状补间动画

指同一个对象不同状态的变化，其变化效果是由 Flash 控制的，常用于制作对象的位移、尺寸缩放、旋转、颜色渐变等效果。

形状补间动画也是在两个关键帧中创建出来的，但两个关键帧必须是两个不同图形对象，通过形状补间可以将两个图形间的转换过程补间出来。形状补间的对象只能是分离的可编辑图形，形状补间使图形形状发生变化，一个图形变成另一个图形。要对组、实例或位图图像应用形状补间，必须首先将这些元素分离。要对文本应用形状补间，必须将文本分离（文本串须分离两次）。

**【实例：形状补间——数字的变化】**

Tips：分布式中间帧平滑，但变形较大；而角形适合边角和直线较多的图形。

1. 在开始帧输入文本"1"；

2. 在结束帧输入文本"2"；

3. 把文本"1"和"2"打散；

4. 在帧属性面板上创建补间形状动画（见图 3-49）；

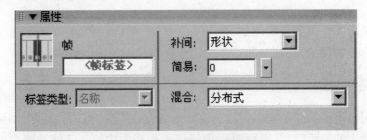

图 3-49　创建形状补间窗口

5. 设置形状补间动画（见图 3-50），最终效果如图 3-51 所示。

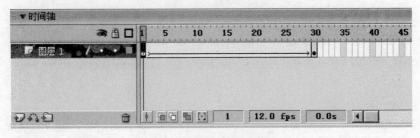

图 3-50　补间动画时间轴

图 3-51　变形效果截图

（三）动作补间动画

指两个图形对象的变换,其变化效果是由 Flash 控制的,其动画效果是从一个图形转换为另一个图形。

动作补间动画是在两个关键帧中创建出来的,两个关键帧必须是同一个对象的两个不同状态,通过动作补间将两个关键帧中不同状态的对象补间出来,如图 3-52 所示。动作补间可以使实例、组合或文本产生位移、变形、旋转、颜色渐变,是 Flash 中应用最广泛的动画。

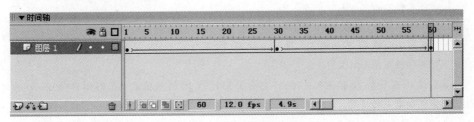

图 3-52　动作补间动画时间轴

## 四、Flash 8 高级动画制作

（一）遮罩动画

遮罩动画是 Flash 中的非常重要的动画类型,很多炫目神奇的动画效果都是通过遮罩动画来完成的。在 Flash 动画中,“遮罩”主要有两种用途:一种是用在整个场景或一个特定区域,使场景外的对象或特定区域外的对象不可见;另一种是用来遮罩住某一元件的一部分,从而实现一些特殊的效果。

遮罩层的基本原理是:能透过该图层中的对象看到"被遮罩层"中的对象及其属性(包括它们的变形效果),但是遮罩层中的对象的许多属性如渐变色、透明度、颜色和线条样式等却是被忽略的。例如,不能通过遮罩层的渐变色来实现被遮罩层的渐变色变化。

对遮罩的基本操作有:

1. 创建遮罩

在 Flash 中,遮罩层是由普通图层转化而成的。只要在某个图层上单击鼠标右键,在弹出的快捷菜单中执行"遮罩层"命令,则系统自动将该图层生成遮罩层。

2. 构成遮罩和被遮罩层的元素

遮罩层中的图形对象在播放时是看不到的,遮罩层中的内容可以是按钮、影片剪辑、图形、位图、文字等,但不能使用线条,如果一定要用线条,可将线条转化为"填充"模式。

3. 遮罩中可以使用的动画形式

可以在遮罩层、被遮罩层中分别或同时使用形状补间动画、动作补间动画、引导线动画等动画手段,从而使遮罩动画变成一个可以施展无限想象力的创作空间。利用遮罩层,可作出聚光灯效果和流动效果遮罩层下面的内容就像透过一个窗口一样显示出来,这个窗口的形状就是遮罩层上内容的形状。遮罩层中的对象可以是填充的形状、文字对象、图形元件的实例或影片剪辑的实例。可将多个图层组织在一个遮罩层之下来创建复杂的效果。

**【实例:遮罩字母】**

1. 新建文档,400×200,背景为黑色。

2. 第1层改名为"文字",使用文本工具,输入文字,颜色为黄色。

3. 创建第2个图层,用椭圆工具画无边圆,绿色(制作探照灯效果)。

①把圆转换为图形库文件。

②在第 10 帧和第 20 帧插入关键帧(见图 3.53),第 10 帧的位置把圆移到右面,第 20 帧的位置把圆移回原来的位置。

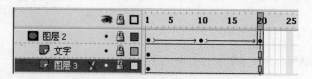

**图 3-53　遮罩动画图层与时间轴**

③在第 1 帧和第 10 帧处分别创建补间动画。

4. 把文字层延长到 20 帧。

5. 把圆所在的层设置为遮罩层。

6. 添加背景层,附属于遮罩层,红色矩形,并锁定该图层,放到文字层下面,如图 3-54 所示。

图 3-54 遮罩效果截图

## (二)路径引导动画

### 1.创建引导层和被引导层

在 Flash 中一个最基本的"引导路径动画"由两个图层组成,上面一层是"引导层",其图标为 ⬚ ,下面一层是"被引导层",图标为 ⬚ ,同普通图层一样。在绘制时应选中平滑图标 S ,将对象吸附在自由路径上。

### 2.引导层和被引导层中的对象

"被引导层"中的对象是跟着引导线运动的,可使用影片剪辑、图形元件、按钮、文字等,但不能应用形状。

### 3.向被引导层中添加元件

如图 3-55 所示的时间轴和舞台,图 3-56 为路径引导动画的属性面板。

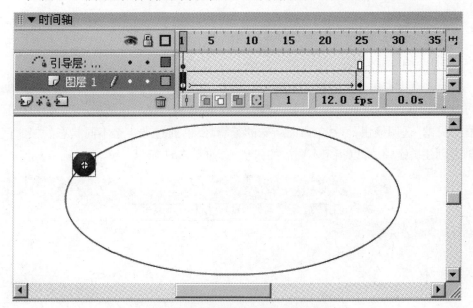

图 3-55 路径引导动画舞台和时间轴

图 3-56　路径引导动画属性

## 五、Flash 8 的元件

元件是指在 Flash 中创建的,可以在动画中反复使用的元素。使用元件使得动画制作更为简单,动画文件尺寸明显减小,播放速度显著提高。

（一）图形元件

图形元件是可反复取出使用的图片,用于构建动画主时间轴上的内容,一般是只含一帧的静止图片。

（二）按钮元件

按钮元件是 Flash 的基本元件之一,用于创建动画交互控制。它具有多种状态,并且会响应鼠标事件,执行指定的动作,是实现动画交互效果的关键对象。

从外观上,"按钮"可以是任何形式,比如,可能是一幅位图,也可以是矢量图;可以是矩形,也可以是多边形;可以是一根线条,也可以是一个线框;甚至还可以是看不见的"透明按钮"。按钮具有特殊的编辑环境,通过在 4 个不同状态的帧时间轴上创建关键帧,可以指定不同的按钮状态,如图 3-57 所示。

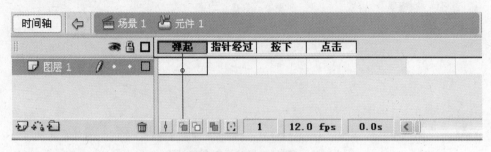

图 3-57　按钮元件图层

【实例:控制火箭】

1. 创建图形原件:火箭。

2. 创建按钮原件:按钮,如图 3-58 和图 3-59 所示。

图 3-58  按钮状态图

图 3-59  按钮状态设置

3. 将背景设为蓝色,制作火箭从下到上的动作动画,如图 3-59 所示的舞台。

4. 建立新图层:"按钮"层,选择第 1 帧将按钮拖入。

5. 使用"文字"工具在按钮上书写文字。

6. 选择"火箭动画"层的第 1 帧,打开"动作"控制面板,输入 stop( );,意为在该帧火箭停止,如图 3-60 所示。

图 3-60  停止-动作面板

7. 选择"按钮"层,选中按钮,打开"动作"控制面板,输入 on(release){gotoAndPlay(2);}意为当鼠标单击该按钮并释放后,从第 2 帧开始播放,如图 3-61 所示。

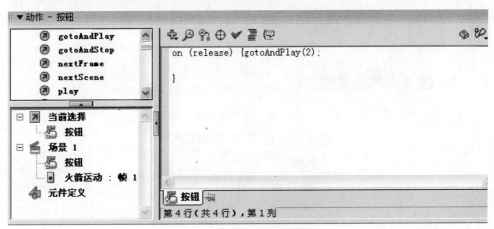

图 3-61  播放-动作面板

8.控制火箭最终舞台效果,如图 3-62 所示。

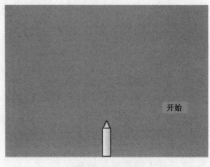

图 3-62　舞台

## (三)影片剪辑元件

### 1.创建星星的图形元件

(1)执行"插入"→"新建元件"命令,创建名为星星的图形元件,如图 3-63 所示。

图 3-63　创建影片剪辑

(2)在编辑元件窗口中制作星星图形,再回到场景中。

### 2.创建闪星影片剪辑

(1)在编辑元件窗口中把星星图形元件拖到舞台中。

(2)插入两个关键帧,在第 1 帧和最后 1 帧设置实例的 alpha = 20%,缩小,作补间动画,旋转,如图 3-64 和图 3-65 所示。

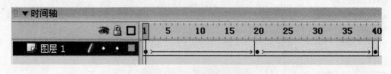

图 3-64　设置关键帧

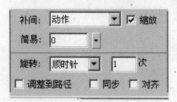

图 3-65　补间动画设置

## 六、Flash 8 中声音与视频的应用

（一）Flash 8 中声音的应用

在 Flash 8 中可以导入多种格式的声音文件，包括 WAV、AIFF、MP3 等。如果系统中装有 QuickTime，还可以导入更多格式的声音文件。

1. 音频基本知识

（1）基本概念。在 Flash 8 中，处理声音文件时，经常会遇到以下几种概念。

①声道。分为单声道、双声道和混合声道。

②位分辨率。指的是每个采样点的比特数。位分辨率越大声音听起来越清晰，但是它的体积也越大。

③采样比率。是指在单位时间内对声音的采样次数。采样比率越大声音也就越清晰，其体积也会增大。

（2）声音的导入。在 Flash 8 中，导入声音的具体操作步骤如下：

**步骤 1**：执行"文件"→"导入"→"导入到库"命令，在弹出的"导入到库"对话框中选择相应的声音文件后，单击"打开"按钮，即可将声音导入到库中。

**步骤 2**：声音导入后，打开"库"面板，可以在面板中看见声音的波形图。

**步骤 3**：在时间轴面板中选中某一关键帧，然后从"库"面板中将声音文件拖曳到舞台中，这样声音文件就会被添加到该图层中。

2. 声音的编辑

（1）声音属性。在 Flash 8 中，声音分为事件驱动式和流式两类。"事件驱动式"声音由动画中发生的动作触发。例如，单击某个按钮或时间轴达到某个设置了声音的关键帧上时，就会触发声音，开始播放。相反，"流式"声音是需要时才下载到计算机中。

①事件驱动式声音。所谓声音的事件驱动，就是指将声音与一个事件相关联，只有该事件被触发时，才会播放声音，如果事件没有被触发，尽管声音被包含在文档中，仍然不被播放。

②流式声音。一种边下载边播放的驱动方式。

（2）声音的编辑。用声音"属性"面板中的声音编辑控制功能可以定义声音的起始点、终止点及播放时的音量大小。这一功能可以去除声音中不用的部分以减小声音文件的大小。

编辑声音文件的操作步骤如下：

**步骤 1**：为声音文件添加一个帧或选中一个已经包含声音文件的帧。

**步骤 2**：在声音"属性"面板中单击"确定"按钮。此时会弹出"编辑封套"对话框，在该对话框中可对声音进行编辑。

（3）声音属性的设置。设置声音属性的操作步骤如下：

首先，执行下列操作之一，都将会弹出"声音属性"对话框。

①双击"库"窗口中的声音图标。

②右键单击"库"窗口中的声音图标，在弹出的快捷菜单中执行"属性"命令。

③选中"库"窗口中的声音图标，然后在"库"窗口的底部单击"属性"按钮。

如果声音文件已在外部软件中进行编辑，单击" 更新(U) "按钮即可。

其次，在压缩列表框中选择压缩格式，可供选择的压缩格式有默认、ADPCM、MP3、Raw 和语音 5 个选项。声音的属性面板如图 3-66 所示。

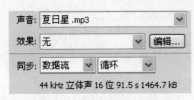

**图 3-66　声音的属性面板**

"声音"选项：从中可以选择要引用的声音对象，这也是另一个引用库中声音的方法。

"效果"选项：从中可以选择一些内置的声音效果，比如让声音的淡入、淡出等效果。

"编辑"按钮：单击这个按钮可进入到声音的编辑对话框中，对声音进行进一步的编辑。

"同步"：这里可以选择声音和动画同步的类型，默认的类型是"事件"类型。另外，还可以设置声音重复播放的次数。

（二）Flash 8 中视频的应用

**1. 支持的视频格式**

根据电脑设置的不同，Flash 8 可支持 .avi、.dv、.mpeg、.mov、.wmv、.asf 等格式的视频。

**2. 导入视频**

选择"文件"→"导入"→"导入视频"命令。弹出"导入视频"向导，如图 3-67 所示。在"文件路径"后面的文本框中输入要导入的视频文件的本地路径和文件名。或者单击后面的"浏览"按钮，弹出"打开"对话框，在其中选择要导入的视频文件。其后按照指示一步一步来，最终导入视频。

# 七、Flash 8 作品的输出

Flash 8 可创建的影片可以以多种文件格式输出，用户可打开任意一个先前创建的影片文件。如先前创建的"音控按钮"影片文件，然后执行"文件"→"导出"→"导出影片"菜单命令，系统将弹出"导出影片"对话框，在该对话框的"保存类型"下拉选项右侧的向下按钮，用户可以看到系统支持的文件输出格式，如图 3-68 所示。

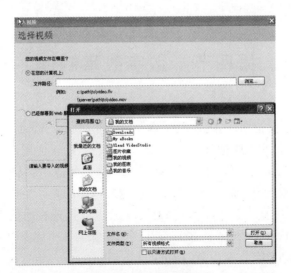

图 3-67 导入视频窗口

图 3-68 影片导出格式截图

# 第四节　数字故事制作

20 世纪 90 年代初期,达纳·温斯洛·阿奇利(Dana Winslow Atchley)作为数字化故事的首发者,用电脑把过去的老照片配合自己的讲述制作成了一部自传体小电影,得到了大家的好评。随后,阿奇利(Atchley)和他的朋友兰伯特(Lambert)开始帮助其他人叙述自己的个人数字故事,越来越多的人开始投入这种形式的创作,并且在旧金山成立了第一个数字媒体中心,也就是现在的数字故事中心 CDS(Center for Digital Storytelling)。2002 年 11 月底,来自 8 个国家,美国 25 个州的代表聚集在一起创办数字故事协会(Digital storytelling Association)。从此,数字故事迅速在世界各国流行起来。

什么是数字故事(Digital Storytelling)呢? 常见的几种定义有:Mclellan(2006)认为数字化讲故事是通过探索不同媒体与软件应用,以新而有力量的方式使用数字化媒体,以便传播讲故事的艺术与技巧。Meadows(2003)则认为数字化讲故事为简短、个人、多媒体且发自内心的故事表达。而"教学数字故事"就是在课堂教学中,通过加入声音、图像、音乐等多媒体元素,创造可视化的故事,利用数字化技术来讲述教学故事的一种新方法。

## 一、数字故事制作软件和流程

### (一)数字故事的制作工具

常用的教学数字故事制作工具有:会声会影、Movie Maker、PPT、Premiere、数字相册、IEbook、Flash、糟糕动画等。这里我们主要介绍会声会影 10。

### (二)数字故事的制作

#### 1. 组成要素

数字故事就是将传统的讲故事的艺术与多媒体技术化手段(字幕、图片、音频、视频、动画等)结合起来制作而成的,以数字化的形式供人们进行自我表达、交流和学习。数字故事中心 CDS 总结了数字故事的 7 要素,具体如下:

①突出的主要观点;

②令人感动或回味的主题;

③富有情感的故事内容;

④主要人物或事件的图片或视频;

⑤有感染力的背景音乐；

⑥各种元素的技术处理和整合；

⑦故事节奏的起伏发展。

数字故事不同于视频短片，视频短片的范围仅仅停留在视频作品的范围，同时对于故事性没有很高的要求，而数字故事最重要的特性就是故事性，它不仅仅是视频形式的作品，制作者可以使用任何数字化的形式来表达内心的想法。

2. 制作流程

数字故事倡议组织（Digital Storytelling Initiative，DSI）提供的基本程序：从经历中寻找故事、组织故事、创建作品以及发布作品等，数字化讲故事项目最终以多媒体作品形式呈现给观众。以下是具体作品制作过程：

①写作。通常写作的材料是来源于学生生活中的情节和体会，经过反复的写作和修改形成一个 2 ~ 3 min 的精彩的文本故事。

②脚本。脚本是在文本写作完成后，把故事中的主要情节提炼出来，并用多媒体元素重建故事情节。其间需要标注出所用到的媒体元素及其呈现的时间长度。

③情节串联图板。在这个步骤，要求学生用情节串联图板来组织故事呈现的流程。即是把脚本和可视化材料对应部分一一连接起来，供最后创作作品时使用。

④寻找素材。可通过搜索引擎寻找互联网上的图片、声音、视频和动画。也可用数码相机自己拍摄和创作。

⑤创建数字化故事。用软件把各种数字化媒体素材整合起来形成完整的数字化故事。苹果电脑可采用 iMovie，PC 机可采用微软的 Photostory。还有，时下流行的 Web 2.0 模式的多媒体工具支持在线制作和分享数字化故事。

⑥分享。通常是在教室中与同学分享。现在通过互联网，例如，全球幻灯片共享网站 www. slideshare. net ，全球视频共享网站 www. youtube. com，等等，可以把作品与全世界的人们分享。

（三）数字故事的教学优势

目前，国内外的数字故事的主要形式是个人制作 2 ~ 5 min 的多媒体作品，融合了图片、字幕、音视频以及动画等形式的媒体，能够上传至互联网进行广泛传播和交流，在教育领域，数字故事作为一种新的交流学习方式，对培养学生的表达能力、解决问题的能力、创造力、媒体素养以及学生多元智能的发展起着积极作用。Burmark（2004）作了一项研究，发现文本与可视化的图像相整合可提升和促进学生对内容的理解。美国休斯顿大学建立了数字故事教育应用网站，为 K-12 和高等教育学校的教师和学生提供数字故事如何制作和教学运用的信息和案例。网站地址为：http：//www. coe. uh. edu/digitalstorytelling/，提供的数字故事案例主要有以下 3 种：个人的或者观点性的故事，用作报告或者教学用的故事以及讲述历史事件的故事等。数字故事应用于教学的优势主要体现在以下 9 点：

①激发学生的学习兴趣；

②高质量的学习体验；

③熟练掌握相关信息技术；

④帮助学习者主动学习；

⑤激发创造力；

⑥促进表达沟通技能；

⑦培养学习者的设计、策划、语言、艺术综合素养；

⑧价值观的内化；

⑨易于形成集体智慧。

## 二、利用会声会影制作数字故事

会声会影采用分步方式，便于捕获、编辑和共享视频。此外，它提供一百多种转场效果、专业的字幕制作功能和简单的声音轨创建工具。几秒钟即可学会，几分钟即可创建。要制作影片作品，需要从摄像机或其他视频源捕获镜头。然后，可以修整捕获的视频，排列视频顺序，应用转场，添加覆叠、动画标题、旁白和背景音乐。这些元素组织在不同的轨中。对一个轨的更改不会影响其他轨。

影片作品的形式为"VideoStudio 项目文件"（＊.VSP），该文件包含素材的路径位置的信息，以及影片的形成方式。完成影片作品之后，可将影片刻录到 VCD、DVD、BD 上，或将影片录制回摄像机。此外，还可将影片输出为视频文件，以便在计算机上回放，将其导入移动设备或进行在线共享。会声会影使用视频项目文件中的信息，通过一种被称作渲染的过程将影片中的所有元素组合到一个视频文件中。

会声会影还包含一个示例完成项目，可供我们概要了解程序的大多数可用功能。通过此示例项目，可以进行体验，了解会声会影的用法。在 Windows"开始"菜单的"VideoStudio"程序组中选择示例项目。

（一）会声会影操作界面简介

在运行会声会影 10 时，将出现一个启动画面（见图 3-69），用户可在以下视频编辑模式中进行选择。

会声会影编辑器：提供会声会影的全部编辑功能。它提供对影片制作过程（从添加素材、标题、效果、覆叠和音乐到在光盘或其他介质上制作最终影片）的完全控制。

影片向导：是视频编辑初学者的理想工具。它引导使用者通过 3 个快速、简单的步骤完成影片制作过程。

DV 转 DVD 向导：用于捕获视频、向视频添加主题模板，然后将视频文件刻录到光盘。

图 3-69　绘声绘影界面

　　单击选择"会声会影编辑器",进入如图 3-70 所示的界面,通常可看到 4 个主要的区域:

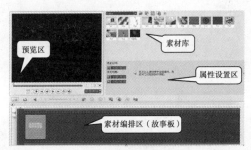

图 3-70　绘声绘影编辑器界面

## (二)处理素材

　　素材包括音频、视频、图像还有效果,是构建项目的基础;处理素材是需要掌握的最重要的技巧。将视频、图像和色彩素材添加到视频轨的操作方法类似,可选中后直接拖动;修改视频的回放速度;通过分割素材(也可在"时间轴"上)对素材进行修整。下面以插入素材为例,简单说明操作步骤:

　　①若用会声会影自带素材,可直接单击右上方素材库内的微缩图并拖动到"故事板"(时间轴)。

　　②本地素材插入,可利用"捕获"功能,如图 3-71 所示。单击导入完成操作。所有导入的视频都将添加到"素材库"中的略图列表中。

　　③关于故事板这里可使用时间轴,单击第 2 个按钮,故事板就变成容易操作的界面了,如图 3-72 和图 3-73 所示。

图 3-71　捕获素材

图 3-72　视频素材拖放

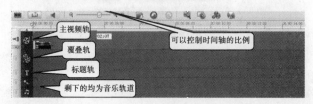

图 3-73　时间轴

（三）编辑视频

1. 剪切视频

①插入视频(拖动到视频板上)。

②预览播放素材,单击,如图 3-74 所示。

图 3-74　播放视频窗口

③当到了要剪切的地方时,暂停,然后 ✂ 就变成能单击的按钮了,单击即可

将视频剪切成两个片段,如图 3-75 所示。

图 3-75 剪切视频窗口

④输入文字完成后,单击时间轴以将这些文字添加到项目中。

2. 对视频的其他操作

如将视频剪切成几段、单击"回放速度",即可控制视频的速度,建立快镜头和慢镜头,勾选"翻转视频"可实现视频从结尾依次播放至开头等。其选项卡如图 3-76所示。

图 3-76 视频的其他操作

3. 添加转场

①在制作的视频后再拖动一张图片到故事板(至少两部分以上才能添加转场);

②单击"效果",素材库里有许多模板,也可在下拉菜单中选择其他种类的转场效果;

③将其中一个效果拖动到故事板的两部分中间即可。也可双击,但双击是依

次添加到各个部分之间的转场;还可以在"文件"→"参数选择"→"转场效果",可得到如图 3-77 所示的效果。

图 3-77　添加转场

## (四)标题轨的使用

1."标题"步骤选项面板

(1)"编辑"选项卡。

● 区间:以"时∶分∶秒∶帧"的形式显示所选素材的区间。通过更改时间码值可调整区间。

● 垂直文字:单击 ■ 使标题方向为纵向。

● 字体:选择所需的字体样式。

● 字体大小:选择所需的字体大小。

● 色彩:指定喜欢的字体颜色。

● 行间距:设置文字行之间的间距,即行距。

● 旋转角度:设置文字指定的角度和方向(顺时针或逆时针)。

● 多个标题:选择为文字使用多个文字框。

● 单个标题:选择为文字使用单个文字框。在从较早版本的会声会影中打开项目文件时,此项为自动选中。

● 文字背景:选择应用单色背景栏、椭圆、矩形、曲边矩形或圆角矩形作为文字的背景。单击 ■ 使用单色或渐变色以及设置文字背景的透明度。

● 边框／阴影／透明度:设置文字的边框、阴影强度和透明度。

● 打开字幕文件:插入以前保存的影片字幕。

● 保存字幕文件:将影片字幕保存到文件中以备将来之用。

● 显示网格线:选择显示网格线。单击 ■ 打开一个对话框,可在其中指定网格线设置。

(2)"动画"选项卡。

● 应用动画:启用或禁用标题素材的动画。

- 类型：可在其中为您的标题选择首选动画效果。
- 预设值：选择要应用于文字的所选动画类型的预设值。
- 自定义动画属性：打开一个对话框，可在其中指定动画设置。

2. 文字的添加

会声会影允许用多文字框和单文字框来添加文字。其中，多文字框能灵活将文字的不同词语放置在视频帧的任何位置，并可以安排文字的叠放顺序。而在为项目创建开场标题和结尾鸣谢名单时，应使用单文字框。其编辑选项卡如图 3-78 所示。

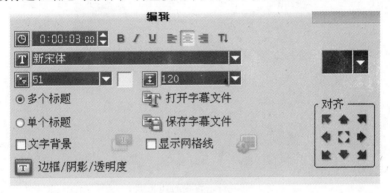

图 3-78　编辑选项卡

添加多个标题的方法如下：

①单击"标题"，选择模板，拖动到"故事板"的标题栏中；

②单击预览上的文字，文字便可移动，双击能改写文字；

③双击"预览窗口"并输入文字。输入完成后，单击文字框之外的地方。要添加其他文字，然后再次双击"预览窗口"。

④重复步骤③以添加更多文字，如图 3-79 和图 3-80 所示。

图 3-79　修改文字前

[小窍门]无论是照片还是文字以及后面的音乐，都可将鼠标放到黄色边缘处进行拖动，改变这些内容显示时间的长短，如图 3-81 所示。

图 3-80　修改文字后

图 3-81　改变时间长度

**3. 单个标题的添加**

会声会影允许用多文字框和单文字框来添加文字。其中,多文字框能灵活将文字的不同词语放置在视频帧的任何位置,并允许用户安排文字的叠放顺序。而在为项目创建开场标题和结尾鸣谢名单时,应使用单文字框。

添加多个标题的方法如下:

①在选项面板中,选择单个标题;

②使用导览面板中的按钮可以扫描影片,并选取要添加标题的帧。双击"预览窗口"并输入文字。

③在"选项面板"中,设置行间距。

④输入文字完成后,单击时间轴将这些文字添加到项目中。

建议将文字保留在标题安全区之内。标题安全区是"预览窗口"上的矩形框。如果将文字保留在标题安全区的范围之内,则在电视上查看这些文字时,它们不会被截断。选择"文件:参数选择"→"常规"选项卡→"在预览窗口中显示标题安全区"可显示或隐藏标题安全区。

**4. 为项目添加预设文字**

素材库中包含了多个预设的文字,可将它们应用于项目中。要使用这些预设的文字,请选择标题(画廊列表中),然后将预设的文字拖到"标题轨"上。

**5. 为项目插入字幕**

可以将自己的影片字幕文件用于项目中。要插入自己的影片字幕文件时,单击打开字幕文件。在打开对话框中,找到要使用的文件并单击打开,如图 3-82 和图 3-83 所示。

图 3-82  打开电影字幕文件窗口

图 3-83  导入字幕文件效果截图

6.保存字幕文件

　　保存影片字幕,方便将来重新使用这些字幕。单击保存字幕文件以打开另存为对话框。找到保存影片字幕的位置并单击保存。

　　[注意]影片字幕将自动保存为 *.utf 文件。要保存中文、日语或希腊语等语

言的字幕,请在"选项面板"中单击打开字幕文件,然后通过浏览查找特定文件。但是,打开该文件之前,要确保已在语言中选择了相应的语言。

7.编辑文字

对于单个标题,可直接在"标题轨"上选中该标题素材并单击"预览窗口"。对于多个标题,就在"标题轨"上选中该标题素材并单击"预览窗口",然后单击要编辑的文字。

[小窍门]在标题素材插入时间轴上之后,可通过拖动此素材的拖柄或在"选项面板"中输入区间值,以此来调整其区间。要查看标题在底层视频素材上显示的外观,可选中此标题素材并单击播放修整后的素材或拖动飞梭栏。

8.修改文字属性

使用"选项面板"中可用的设置可修改文字的属性,如:字体、样式和大小等。"更多选项"可以设置文字的样式和对齐方式,对文字应用边框、阴影和透明度,以及为文字添加文字背景。文字背景将文字叠放在椭圆、圆角矩形、曲边矩形或矩形色彩栏中。单击 打开文字背景对话框选择是使用单色还是渐变色,并设置文字背景的透明度,效果如图3-84所示。

**图3-84 文字修改后效果截图**

在预览窗口中,单击要重新排列的文字框。选中后,右键单击该文本框,然后在打开的菜单上选择重新叠放此文字的方法,如图3-85所示。在包含多个标题的素材中重新调整文字的位置,并将文字拖动到新的位置。

9.旋转文字

使用紫色拖柄可将文字朝"预览窗口"中的光标位置旋转。要旋转文字,必须先选择文字以显示黄色和紫色拖柄。在"预览窗口"中,单击紫色拖柄并将其拖动到想要放置的位置,也可在"选项面板"的旋转角度中指定一个值,以便应用更精确的旋转角度。

10.应用动画

用会声会影的文字动画工具(如:淡化、移动路径和下降)可以将动画应用到文字中。

将动画应用到当前文字的方法,如图3-86所示。

图 3-85　重新叠放文字界面截图

图 3-86　应用动画选项卡

①在动画选项卡中,选择应用动画;

②在类型中选择要使用的动画类别;

③从类型下拉框中选择预设的动画。单击 T 打开一个对话框,可在其中指定动画属性。

④拖动暂停区间拖柄以指定文字在进入屏幕之后和退出屏幕之前停留的时间长度,如图 3-87 所示。

图 3-87　指定停留时间窗口

11. 保存标题至素材库

如果还希望对其他项目使用已创建的标题,建议将其保存在素材库中。只需在"时间轴"中选择标题并将其拖动到素材库即可。

（五）音频轨的使用

1."音频"步骤选项面板

"音频"步骤选项面板由两个选项卡组成:音乐和声音选项卡以及自动音乐选项卡。"音乐和声音"选项卡允许从音频 CD 上复制音乐、录制声音以及对音频轨应用音频滤镜。"自动音乐"允许为项目使用第三方音乐轨。

（1）"音乐和声音"选项卡。

• 区间:以"时 : 分 : 秒 : 帧"的形式显示音频轨的区间。也可通过输入所要的区间来预设录音的长度。

• 素材音量:调整录制的素材的音量级别。

• 淡入:逐渐增加素材的音量。

• 淡出:逐渐减小素材的音量。

• 录音:打开调整音量对话框,可在其中先测试话筒的音量。单击"开始"开始录制。会声会影在时间轴上的声音轨中现有音频的右侧创建新的素材。此按钮将在录制过程期间变为停止。

• 从音频 CD 导入:打开一个对话框,可从音频 CD 导入音乐轨。单击 $i$ 以更新来自于音频 CD 的 CD 文字或 Internet 的 CD 信息。

• 回放速度:打开一个对话框,可在其中更改音频素材的速度和区间。

• 音频滤镜:打开音频滤镜对话框,可在其中对所选音频素材应用音频滤镜。

• 音频视图:将时间轴更改成音频波形。单击该项时,"环绕混音"选项卡将显示。

（2）"自动音乐"选项卡。

• 区间:显示所选音乐的总区间。

• 素材音量:调整所选音乐的音量级别。值 100 表示保持音乐的原始音量级别。

• 淡入:逐渐增加音乐的音量。

• 淡出:逐渐减小音乐的音量。

• 范围:指定程序将如何搜索 SmartSound 文件。

• 本地:搜索存储在硬盘上的 SmartSound 文件。

• 固定:搜索存储在硬盘和 CD – ROM 驱动器上的 SmartSound 文件。

• 自有:搜索您所拥有的 SmartSound 文件,包括那些存储在 CD 中的。

• 全部:搜索桌面计算机和 Internet 上可用的所有 SmartSound 文件。

• 库:列出可从中导入音乐的可用素材库。

• 音乐:选择要添加到项目中的所需音乐。

• 变化:从各种乐器和拍子中选择要应用于所选音乐的项。

• 播放所选的音乐:以所选变化回放音乐。

● 添加到时间轴：将所选轨添加到时间轴的音乐轨。

● 自动修整：根据飞梭栏位置将音频素材自动修整为适合于空白空间。

● SmartSound Quicktracks：打开一个对话框可在其中查看信息以及管理 Smart-Sound 库。

2. 音频文件的添加

会声会影提供了单独的"声音轨"和"音乐轨"，一般可以交替地将声音和音乐文件插入到任何一种轨上。要进行插入，先单击 ▣ 并选择插入音频。然后选择要将音频文件插入的轨道。

3. 声音旁白的添加

会声会影允许用多文字框和单文字框来添加文字。其中，多文字框能灵活将文字的不同词语放置在视频帧的任何位置，并允许用户安排文字的叠放顺序。而在为项目创建开场标题和结尾鸣谢名单时，应使用单文字框。

添加声音旁白的方法如下：

①单击音乐和声音选项卡。

②使用飞梭栏移到要插入旁白的视频段。

③单击录音。显示调整音量对话框。

④对话筒讲话，检查仪表是否有反应。使用 Windows 混音器调整话筒的音量。

⑤单击开始，并开始对话筒讲话。

⑥按下"Esc"或单击停止以结束录音。

4. 背景音乐的添加

会声会影可将 CD 上的曲目录制并转换为 WAV 文件，然后将它们插入到时间轴，还支持 WMA、AVI 以及其他可直接插入音乐轨中的流行音频文件格式。以添加第三方音乐为例：

①单击自动音乐选项卡。

②在范围中选择程序将如何搜索音乐文件。

③选择要从中导入音乐的库。

④在音乐下，选择要使用的音乐。

⑤选择所选音乐的变化。单击播放所选的音乐，回放已应用变化的音乐。

⑥设置音量级别，然后单击添加到时间轴。

5. 使用素材的音量控制

在属性面板中找到音量控制。素材音量代表原始录制音量的百分比。取值范围为 0% ~ 500%，其中 0% 将使素材完全静音，100% 将保留原始的录制音量，如图 3-88 所示。

6. 修整和剪辑音频素材

修整音频素材有两种方法：一是在时间轴上，

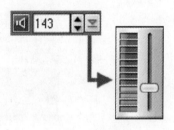

图 3-88 音量控制

选中的音频素材有两个拖柄,可用它们来进行修整。只需抓住起始或结束位置的拖柄,如图3-88所示,然后进行拖动以缩短素材;如图3-89所示,二是直接拖动修整拖柄。

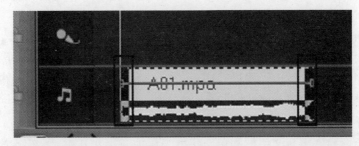

图3-89　抓住拖柄拖动

图3-90　直接拖动拖柄

除了修整,还可以剪辑音频素材。将飞梭栏拖到要剪辑音频素材的位置,然后单击▩剪辑从飞梭栏位置开始的素材,即可删除此素材的多余部分,如图3-91所示。

图3-91　剪辑音频素材

7. 淡入/淡出

逐渐开始和结束的背景音乐通常用于创建平滑的过渡。对于每个音乐素材,通常可以单击▂▃▅▆ 和▆▅▃▂使素材起始和结束位置处的音量淡入和淡出。

8. 复制音频的声道

有时音频文件会把人声和背景音频分开并放到不同的声道上。复制音频的声道可使其他声道静音。例如,左声道是人声,右声道是背景音乐。在复制右声道时,它将使歌曲的人声部分静音,同时使背景音乐保持播放。要复制声道,请在选项面板中的属性选项卡上选择复制声道,然后选择要复制的声道,如图3-92所示。

图3-92　复制声道

9. 音量调节线

音量调节线是轨道中央的水平线,如图 3-93 所示。只有在音频视图中才可看到。因此用此调节线来调整视频素材中的音频轨以及音乐和声音轨上的音频素材的音量。具体方法是单击音频视图。

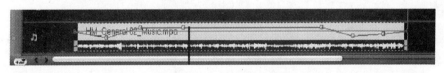

**图 3-93 音量调节线**

①在时间轴上,单击要调整的轨,如图 3-94 所示。

**图 3-94 单击音频轨**

②单击调节线上的一个点以添加一个关键帧,基于此关键帧调整轨道音量,如图 3-95 所示。

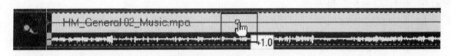

**图 3-95 添加关键帧**

③向上/向下拖动关键帧以增加/减小素材在此位置上的音量,如图 3-96 所示。

**图 3-96 拖动关键帧**

重复步骤①~③,以将更多关键帧添加到调节线并调整音量。

10. 应用音频滤镜

使用会声会影可以将滤镜(如放大、嘶声降低、长回音、等量化、音调偏移、删除噪声、混响、体育场、声音降低和音量级别)应用到音乐和声音轨中的音频素材中。只能在时间轴视图中应用音频滤镜。

应用音频滤镜的方法,如图 3-97 所示。

①单击时间轴视图。

②选取要应用音频滤镜的音频素材。

③在音乐和声音面板中,单击音频滤镜。这将打开音频滤镜对话框。在可用滤镜列表中,选择所要的音频滤镜并单击添加。

④单击确定即可完成。

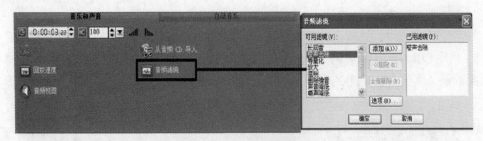

图 3-97　添加音频滤镜

（六）覆叠轨的使用

"覆叠"步骤帮助添加覆叠素材，与视频轨上的视频合并起来。使用"覆叠"素材，可创建画中画的效果或添加字幕条来创建更具专业外观的影片作品。

1."编辑"选项卡

我们可在其中自定义属性，如素材区间、回放速度以及覆叠素材的音频属性此选项卡中的可用选项取决于所选覆叠素材。

2.将素材添加到"覆叠轨"上

将媒体文件拖到时间轴的"覆叠轨"上，以将它们作为覆叠素材添加到项目中。

创建影片模板的方法：

①在"素材库"中，选取包含要添加到项目中的覆叠素材的媒体文件夹。

②从素材库中将该媒体文件拖到时间轴上的覆叠轨中，如图 3-98 至图 3-100 所示。

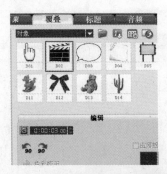

图 3-98　从素材库选择媒体文件窗口

③可以使用编辑选项卡中的可用选项来自定义覆叠素材。

④单击属性选项卡。覆叠素材随后将调整为预设大小并放置在中央。使用"属性"选项卡中的选项可为覆叠素材应用动画、添加滤镜、调整素材的大小和位置等。

此外，还可以添加多个轨道，其目的是在另一个覆叠轨上插入媒体文件以获得影片的增强效果。可在项目中显示或隐藏这些覆叠轨，单击"工具栏"中的轨道管理器 🐾 打开"轨道管理器"对话框，然后选取要显示的覆叠轨，如图 3-101 所示。

**图 3-99　文件拖动显示效果**

**图 3-100　文件拖动到覆叠轨**

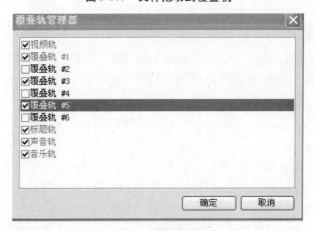

**图 3-101　覆叠轨管理器**

　　添加多个覆叠轨能为影片带来更多创意可能。可在背景视频上叠放部分覆叠透明的素材,或向视频添加对象和帧。可以对覆叠素材进行剪辑、位置或大小甚至形状的重新调整、将动画应用到覆叠素材,还可通过应用透明度(即添加遮罩帧)、边框和滤镜等方法增强覆叠素材,如图 3-102 所示。

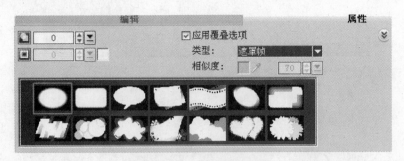

图 3-102　编辑覆叠素材

### (七)分　享

将项目渲染为适合需求的视频文件格式。可将渲染好的视频文件作为网页、多媒体贺卡导出,或通过电子邮件将其发送给亲朋好友。所有此类操作均可在会声会影的"分享"步骤中完成。DVD 制作向导也集成在此步骤中,从而使用户能将自己的项目直接刻录为 AVCHD、DVD、VCD、SVCD 和 BDMV。

【分享】步骤选项面板主要介绍常用的两项:

● 创建视频文件:创建具有指定项目设置的项目视频文件。一般选择 WMV、HD PAL(1 280×720 或者 1 440×1 080,25fps)这两种,相较于 AVI 等格式,不仅像素比较高,而且生成文件也不是很大。

● 创建声音文件:将项目的音频部分保存为声音文件。

**1. 创建影片模板**

通过使用会声会影提供的预设影片模板,或在制作影片模板管理器中创建自己的模板,用户可以获得最终影片的多种变化形式。

创建影片模板的方法如下:

①选择工具:制作影片模板管理器。制作影片模板管理器对话框将打开。

②单击新建。在新建模板对话框中,选择文件格式并输入模板名称,单击确定。

③在模板选项对话框中的常规和 AVI/压缩选项卡中设置需要的选项。

④单击确定。

**2. 创建并保存视频文件**

在将整个项目渲染到影片文件之前,请选择文件:保存或另存为,首先将其保存为会声会影项目文件(＊.VSP)。这样便可随时返回项目并进行编辑。如果要在创建影片文件之前预览项目,请切换为项目模式,然后单击导览面板中的播放,如图 3-103 所示。

创建整个项目视频文件的方法如下:

①单击"选项面板"中的创建视频文件。影片模板选择菜单随即打开。

②要使用当前项目设置创建影片文件,就要选择与项目设置相同。或者,选择

一个预设的影片模板。这些模板方便我们创建适合于 Web 或输出为 DV、DVD、
SVCD 或 VCD、WMV 和 MPEG-4 的影片文件。

　　③为影片输入所要的文件名,然后单击保存。影片文件随后将保存并放入视
频素材库。

图 3-103　创建视频

# 第四章 信息协作能力

随着信息技术的发展和教育信息化进程的推进,协作学习越来越受到人们的重视,并且已经成为课堂教学与网络环境下的一种非常重要的教学模式。协作学习对于培养学生的创造能力、高级认知能力、批判思维、与学习伙伴的合作共处能力都有着非常重要的作用,而具有信息协作能力的学生能够利用各种信息协作途径和工具开展广泛的信息协作,能与外界建立经常的、融洽的、多维的信息协作关系。基于 Web 2.0 的社会网络工具为网络环境下学习者的信息协作能力培养提供了强大的支持,这些工具包括博客、Wiki、Moodle、聊天室等。

## 第一节　网络环境中的协作学习

学生间的学习关系有 3 种:竞争性的学习、合作性的学习和个人化的学习。构建合作性的学习环境会产生促进性的相互作用,协作学习不仅有助于学习个体的自我发展,还能打破自我学习封闭的状态,通过相互沟通、激烈辩论获取更多的知识,达到获得的部分之和大于整体的学习效果。科学技术的发展以及互联网的普及,为协作学习提供了丰富的工具和交互来促进学习,学习利用网络环境突破传统的课堂协作学习具有重要的作用。本节将从协作学习开始,在对网络环境下的协作学习等相关内容作阐述:

### 一、协作学习的概念与特征

#### (一)协作学习

协作学习是 20 世纪 70 年代初兴起于美国的一种基于建构主义学习理论的教学理论与策略,它是指学习者以小组形式参与、为达到共同的学习目标、在一定的激励机制下最大化个人和小组习得成果而合作互助的一切相关行为。其核心为学习者分组"共同"完成某项学习任务,小组成员共同交流讨论解决问题,合作进行专题研究,分享学习材料和体会,互相评价学习成果等形式,以达到提高学习效率,完成知识建构的过程。协作学习的模式主要包括竞争、辩论、协同、角色扮演和伙伴。

（二）协作学习的特征

协作学习与传统学习相比,具有积极相互依赖、面对面的交往促进、个体责任、社会技能和小组自加工 5 大要素,其模式具有以下几个特点:

(1)以小组活动为主体。协作学习的基本形式都是以小组活动为主体进行的。

(2)小组成员协同互助。协作学习是一种同伴之间的相互合作、协同互助的学习活动,学生之间的协同合作与相互作用是学习赖以开展的动力源泉。

(3)强调目标导向功能。协作学习是一种目标导向性的学习活动,是以达到特定教学目标而开展的。

(4)强调以总体成绩作为激励。协作学习以各小组目标过程中的总体成绩作为奖励依据,这种激励制度有利于促进学生在小组活动中的各种活动,从而使自己和他人都得到最大限度的发展。

## 二、网络环境中的协作学习

（一）概念与特征

计算机技术(包括并行及分布处理技术、多媒体技术、数据库技术等)、通信及计算机网络技术的飞速发展,奠定了协作学习的技术基础。基于网络的协作学习是指利用计算机网络及多媒体等相关技术,建立协作学习环境,针对同一学习内容,学习者通过交流与合作,达到对教学内容比较深刻的理解和掌握,而计算机支持的协作学习(CSCL)是网络环境下的主要协作学习方式。与传统的班级授课中的协作学习相比,网络环境下的协作学习具有以下特点:

(1)突破时空的限制。网络所提供的学习环境不受时间、空间的限制,只要有一台连入 Internet 的电脑,学习者在任何时间、任何地点都可以学习。

(2)多样性。协作形式多种多样,协作内容可多可少,协作时间可长可短。从网络技术本身的发展来看,网络教学可以给学生提供多种媒体的学习资源(文本、图像、声音、视频等),满足各种学习需要。

(3)知识结构非线性。网络教学的知识点连接都是超文本方式,学习者在通过网络学习时,不用按照一个模式进行,可以充分按照自己的需要选择学习内容。

(4)资源丰富与共享性。随着网络的发展,网上的信息浩如烟海,包罗万象,如果学习者想要搜集某一方面的信息,输入相关字段,只要单击搜索引擎,几秒钟之内计算机网络就能帮你找到古今中外相关的信息和最新的研究成果。

(5)交互性。网络环境下的学习具有时间、空间交互的特点。

(6)协作性。一方面是教师与学生、学生与学生之间的协作式学习;另一方面是教师与学生能方便地共同充实教学内容。虽然 Internet 上师生的距离很远,但通过这两种形式的协作,师生间的关系更加密切,距离更近。

### (二)基本要素

协作学习目前已经成为一种学习模式,在传统的班级授课和信息技术学习环境中得到了广泛的应用。协作学习模式是指采用协作学习组织形式促进学生对知识的理解与掌握的过程,通常由4个基本要素组成,即协作小组、成员、辅导教师和协作学习环境。同样的,在网络环境中的协作学习具有相同的模式构成,其模式的基本组成要素可概括为:协作小组、成员、网上教师和协作学习环境。

(1)协作小组。协作小组是协作学习模式的基本组成部分,小组划分方式的不同,将直接影响到协作学习的效果。通常情况下,协作小组中的人数不要太多,一般以3~4人为宜。

(2)成员。成员是指按照一定的策略分派到各协作小组中的学习者。人员的分派依据主要包括学习者的学习成绩、知识结构、认知能力、认知风格、认知方式等。一般来说,采用互补的形式有利于提高协作学习的效果。学习成绩好的学生和成绩差的学生搭配,有利于差生的转化,并促进优生在辅导差生的过程中实现对知识的融会贯通;认知方式不同的学生互相搭配,有利于发挥不同认知类型学生的优势,从而促进学生认知风格的"相互强化"。协作学习成员不限于学生,也可能是由计算机扮演的学习伙伴。

(3)网上教师。网上教师负责组织问题,评价协作学习的结果,组织讨论,监控协作学习的过程,并且在学生无法通过协作或自学达到学习目标时进行有效的指导。

(4)协作学习环境。协作学习环境主要包括协作学习的组织环境、空间环境、硬件环境和资源环境。组织环境即协作学习成员的组织结构;空间环境即协作学习的场所;硬件环境即协作学习所使用的硬件条件;资源环境即协作学习所利用的资源。

### (三)网络协作学习的基本环节

网络为协作学习的实现提供了良好的协作环境,同时也培养了学习者的协作技巧和人际交往能力。网络环境中的电子白板、虚拟教室,以及视频会议等技术和方法,将为协作学习者创设一个广阔的协作学习环境。学习者依据团队的整体目标和自己的个性,可选择竞争、辩论、合作、问题解决、伙伴、设计和角色扮演等协作学习形式,文本、图形、图像、声音、动画、视频等丰富的数字化学习资源保障了协作学习的实现。网络教学由于缺少教师与学习者之间面对面的接触,会使学习者感到孤独,缺乏集体意识,因此协作交互是整个学习活动的重点,而网络协作学习的基本环节主要包括:

#### 1.依据目标确定学习主题

网络协作学习的目标是系统性的,一般将协作学习的总体目标分解为多个子目标对应的学习内容,再设计学习主题。为促进学习与交流,学校主题应尽量选择具有开放性和一定复杂性的真实任务,以使学习更具意义和挑战性,激发他们参与学习与协作活动的兴趣。

2. 确定网络协作小组的结构

协作小组是网络环境下的协作学习的基本组成部分,小组成员的活动方式,以及分工组合直接影响到协作学习的效果。通常情况下,一个协作小组中的学生最好是异质的、不同性别的学生,人数以 4～5 个为宜。因此,可以按照学习者的认知能力、认知风格和认知方式等互补的原则,分配到各协作小组中。

3. 准备网络协作学习资源

在协作学习中,教师需要为学生设计并提供一定的信息资源环境,一些学习者积累下来的与任务有关的个人主页或者反思日记等也可以链接到学习网站上,进而达到缩短无效时间,提高协作学习效率的目的。学习资源的信息量要足够丰富,资源结构要合理,具有一定的层次性,资源的表现形式要多样,以便于检索和加工利用,同时应该鼓励学生对所需的资源信息进行搜索、选择、评价和综合。

网络环境还可帮助教师选择使用交互性良好的网络协作工具,包括通信工具、协作工具、追踪评价工具等。功能强大的网络协作工具是开展网络学习的基础,为支持学习小组的交流和协作活动,教师应该使用并提倡功能强大的交互工具。

4. 策划网络协作学习活动

网络协作学习活动的设计是协作学习的主要组成部分。网络协作学习活动主要围绕学习者并根据学习内容采用不同的活动方式。建构主义倡导的"支架式教学""抛锚式教学""情景式教学"等也可应用到网络协作学习活动设计中。

为了使协作小组进行有效的学习,教师也可以设计一些促进小组协作的"规定性"活动,要求学习者进行学习信息与小组成员分享、积极参与小组协作讨论、检验不同的观点或意见、提供个体成果供他人评论、确定小组工作步骤、确定作业形式和作品评价标准等。

5. 组织与监控学习过程

在协作学习过程中,教师需要对学习过程进行监控调节,并在与学习者的对话中提出任务要求,提供有关研究案例、相关资源和学习指导等。协作任务要明确、具体,能引发学习者解决问题和参与合作的兴趣,并能激发学生开展判断、分析、综合等高水平的思维活动。

学习者在协作学习过程中,与协作伙伴、辅导教师等开展协商会话、知识表达、相互依赖、承担责任等多方面的合作性活动,形成一个"学习共同体"。学习共同体的设计、构建和管理是网络环境下的协作学习能否取得成功的关键。另外,还要根据任务特点选择适当的组织方式,并合理安排协作学习活动。网络协作学习尽量与原有教学机制衔接一体,有利于使网络协同与学校活动在组织上具有一致性。

总之,基于网络的协作学习强调在学习过程中通过计算机和网络来支持学生之间的交互活动,这种交互活动是指以小组形式,在教师和学生之间,在学生和学生之间进行的讨论、交流、协作活动,学生通过合作过程共同完成学习。它强调参与合作,其中协作和交互是网络环境下的协作学习的核心,比较适合情感领域的学习目标和认知领域的某些高层次的学习目标,如形成态度、培养鉴赏力、形成合作精神和良好的人际关系,以及问题解决和决策等。很显然,在网络环境下进行协作学习将有助于培养学生的参与意识,增强学习者的团队精神。

# 第二节　博客及其教育应用

博客是 Web 2.0 时代下的一种社会交流工具,它是继 E-mail、BBS、IM 之后出现的第四种网络交流方式。它的出现使互联网中的交流更加个性化、开放化、实时化和全球化。博客以其优势远远超越前三者,被广泛地应用于学校、家庭、公司等。

## 一、博客简介

博客译自英文单词"Blog",它是 WeBlog 的简称。WeBlog 通常称为"网络日志",是指网络上发布和阅读的流水记录,而撰写这些 Blog 的人就称为 Blogger 或 Blog Writer,称作博客者。博客通常是由一系列按照年份和日期排列的、包含超文本链接的日志构成,日志内容完全由发布者的喜好或愿望决定,它可以是个人的想法和心得,也可以是基于某一主题或某一领域内的知识。博客所具有的功能特性还允许发布者收集并链接互联网中有价值、有意思的信息与资源,其他博客者可迅速、便捷地接收到信息与资源,轻松地获取他人的思想,并与他人交流。

博客的出现,使人类网络生存方式开始向个人化的、精确的目录方式过渡。博客能够将工作、生活和学习融为一体,博客者的工作过程、思想精华、闪现的灵感等被及时记录和发布,使用者能够零距离、零壁垒地汲取这些知识和思想。目前,国内有许多免费的大型博客托管网站,比较出名的有新浪博客、雅虎博客、天涯博客以及一些大型门户网站中的博客。

## 二、博客的特征

对于博客的特点,中国博客之父方兴东将之总结为"四零条件",即零技术——不需要专业技术知识;零成本——免费申请注册;零编辑——作者即为编辑,即时协作、即时发布、自我检查形成了与传统写作不同的体验;零形式——有各种形式的模板供

选择,博主不需要为形式耗时费力。这里,我们将博客的特点总结为以下几个方面:

（一）简单、易用、快捷

个人博客的创建极其简单、快捷。使用者无须安装任何软件、学习任何技术,只需花费几分钟的时间便可申请到属于自己的博客,并对其进行编辑更新。在使用博客的过程中,也不必掌握任何网络编程或者站点维护技术。

（二）个人性

博主可根据自己的需要、兴趣和想法对博客进行任意操作。博主可以设置自己喜欢的页面风格,其对内容的编辑不受任何题材、内容、格式和篇幅的限制,在博客里可充分展现自己的个性。与 BBS 等不同的是,博主可以在任意时间修改或者删除博客中的内容,因此它是一种更加灵活、更为个性化的知识交流形式。

（三）开放性

一般来说,博客的内容和评论是对所有人开放的。每个人都可以在互联网上搜索到他人的博客,并进入到对方的博客空间,博客者可以对引用或者分享他人博客中的信息与资源,并对其内容进行评论回复,这些都被公开呈现,因此,Blog 使得博客者间的知识交流更加公开、方便,其超链接功能更是为资源的传播与分享提供了便利。

（四）技术支持

Blog 支持 RSS 技术,其聚合和推送功能能够帮助使用者定制自己感兴趣的站点并定时发送相关站点中的内容,使用者在互联网中能够更加快速并准确地寻找自己需要的信息,也极大地方便了信息的传播和共享。该功能还能使 Blog 很容易聚合对同一主题感兴趣的人,一些优秀的 Blog 还能够聚集大量对该话题感兴趣的教师一起研讨教学问题,交换思想,从而实现知识的共享。Blog 所具有的 Track-Back 功能能够向刊载原始文章的服务器发送自己评论网页的 URL 及标题、部分正文和网站名称等信息,这样 Blog 中的原始文章就留下了评论者发表的评论及其他信息,这样评论中的思想便相互交织连成一张大网,实现传播者和受者之间思想和知识的传播与共享。

（五）上传即时性和交互延时性

博客中的内容一经发表便可即时更新,并在已订阅的博主方呈现出来。Blog 中的交互主要通过评论和留言板进行,与 QQ 等即时沟通工具不同,博客中只能给对方留言或者评论,而不能实现即时通信。深层次的沟通交互需要占用较大的篇幅,其功能和空间并不强大,较为支持短交互。

## 三、博客的分类

博客基于维护主体和内容汇聚方式的不同可分为 3 类:个人博客、群博客和博客群。群博客有时也称为团队博客,一般指由多个个人博客聚合而成的博客群组,而博客群有时又称作"博客平台"或者"博客门户",是一种基于博客系统搭建的网络交流平台,由许多个人博客或者群博客共同组成群落。它们的关系见表4-1。

表 4-1 博客分类图

| 特征　　　　　　博客类别 | 个人博客 | 群博客 | 博客群 |
|---|---|---|---|
| 组成 | 个人 | 多个个人博客 | 多个个人博客或群博客 |
| 聚合性 | 无 | 可汇聚所有个人博客于一个空间,统一显示和管理 | 汇聚所有群博客于一个空间 |

## 四、什么是教育博客

随着博客技术的进一步发展,博客在各行业中得到了广泛的应用,宏观来讲,应用在教育领域中的博客则成为教育博客。教育博客是一种博客式的个人网站,是各年级、各学科的教师与学生利用互联网新兴的"零壁垒"的博客(Blog)技术,以文字、多媒体等方式,将自己日常的生活感悟、教学心得、教案设计、课堂实录、课件等上传发表。教师博客超越传统时空局限(课堂范畴、讲课时间等),记录教师与学生个人成长轨迹,能够促进教师、学生个人隐性知识显性化,实现知识和思想的共享。国内教育博客的介绍,将在拓展学习部分进行说明。

## 五、博客的教育应用

目前,已有一大批教师开始将 Blog 应用于教育领域,其教育应用主要包括以下几个方面:

### (一)个人知识管理

知识管理理论强调通过协作学习、头脑风暴、知识共享等多种方法使隐性知识显性化,Blog 的特点有助于学习者更好地对个人知识进行管理。首先,Blog 以时间为纵轴对知识进行纵向管理,以分类为横轴对知识进行横向管理。日志系统、清晰的分类有助于学习者将零散的显性知识加以分类并使之系统化,便于学习者对知识的管理、搜索和分享。其次,在 Blog 上学习者可对有意义的新闻或材料进行转载,通过阅读和评论他们的帖子、交流观点、分享他们的思想和体验,从而把他人的隐性知识转化为体现自己能力的隐性知识。最后,通过 Blog 的即时书写,学习者可以记录下思维的火花,把自己日常学习生活中积累形成的隐性知识显性化,不断实现知识的转化和知识的创造,这一点对于培养创新型的人才非常重要。

(二)协作学习

博客群或博客社区的建立,有助于学习成员之间共同学习,协作交流思想。博客管理者可根据需要创建小组博客、班级博客甚至是专业教师的博客圈等各种形式的团体博客。小组博客、班级博客中的成员以小组的形式,根据教学计划,进行提问、共同完成任务、发布学习成果等一系列学习活动,学习者个人的思维和知识被整个群体共享。Blog 的功能有助于教师放置一些学习资源供小组成员学习借鉴;以时间为序的组织方式能够记录小组协作学习的全过程,便于成员进行总结和反思;其评论和留言功能有助于生生、师生之间的交流和解答,教师还能够全方位掌握小组成员的学习情况,获取反馈信息。对于教师博客圈而言,Blog 同样可帮助教师以小组为单位,协作交流,共同解决教学中的疑难问题,共同研讨教学,开展教学工作。

(三)网络学习平台

Blog 可以作为网络教学平台辅助传统教学。教师可将教学大纲、课件、课堂录像、教学案例、学生作品等资源放在 Blog 空间上,供学生下载使用;Blog 中所具有的 RSS 和 TrackBack 技术不仅能将学习者需要的资源和材料推送过来,使博客成为跨资源共享平台,教师还能够定制学生的 Blog 数据源,了解学生的学习进展;通过其评论和留言功能,学习者一方面可以向其他人发布有价值的信息或者与其他同学就感兴趣的话题进行讨论,实现群体协作学习;另一方面还能够向教师或同伴提出问题并获得解答。Blog 简单易用、零技术、零维护,并具有资料发布、互动交流功能,因此,代替网络学习平台被广泛用于教学中,"东行记"就是国内教育中比较成功的师生进行教学和科研的一个基于 Blog 网络学习平台。

(四)教师专业发展

教师专业发展是现代教育的重要标志和显著特征,也是我国教师教育改革的重要取向。基于博客的教育叙事以及网络教研对于教师的专业发展具有重要的作用。

1.为教师搭建的平台

Blog 为教师搭建的平台有助于教师以叙事的风格,探索教育规律,研究教育现象,有需要或者有共同兴趣的教师可通过对方发表的 Blog,获取有价值的资料,教师能够突破地域限制,在更广的范围内实现与其他教师知识和经验的交流与分享,有经验的教师所拥有的经验和知识通过 Blog 被更多的教师群体所掌握。

2. 网络教研

网络教研是在网络环境下,协作教研。目前博客的草根性,使它成为教师进行网络教研的最简易平台。博客 Blog 可被当做教学日记,很多教师将教学心得、教学故事、教学设计、课堂实录、学生作品等记录在 Blog 上,这种以网络日志的形式让教师反思教学,达到在教学实践中,发现问题、解决问题的教研。通过组建博客群、博客社区等虚拟研究平台,教师还可以对某一主题进行研讨交流,甚至可以合作开展科研项目,编写教材等,教师通过与经验丰富的教师进行交流,使得他们专业的发展上升到更高层次,进而带动整个教师专业发展共同体的形成与发展,促进教育信息化。

### (五)学生学习评价

利用 Blog 来构造学生的电子档案袋被普遍认为是能够反映学生的学习进程的有效方式,其在学校的评价体系中的作用也被日益重视起来。博客能够按年份和日期有序排列网络日志,因此,较常用于记录学生的学习情况,其中包括学生的博客内容、学生的学习情况、学习资源的收集和整理、学习交流情况、学生对于教学的评价和反馈等,这些内容形成了每位学习者的学习情况电子档案。在 Blog 中,通过构建电子档案袋,能够反映出学生的整个学习进程和各个学习阶段的发展过程,有利于教师、家长和学生自己定期了解各个时期的学生学习情况,形成一个更全面、更有效的评价体系。

**【拓展学习】教育博客推荐**

博客自从被引入教育领域以来,得到了广大教师和学者的普及应用。教师博客真正的价值在于教研文化的变革,它的文化意义在于对教师作为专业主体的尊重、对教师话语权的保护;在于教师自我意识的觉醒、民主平等教研关系的建立,教师所看重的网络教研的价值就体现在这里。

国内现有四大教育博客开展教研比较成功,分别为苏州教育博客、浙江海盐教育博客、山东临淄教育博客和天河教育博客,其先进有效的博客教学方式越来越多的被学校所采用。而影响较大的学校教育 Blog 社群主要包括华南师大附小日新集、深圳南山实验学校教育博客等。2006年5月,全国第一个教育博客学术团体——海盐教师博客研究会在浙江诞生,这标志着教育Blog 开始走向有组织的学术研究。下面,将简单介绍一些比较成熟、规范的教育博客。

### (一)天河部落

广州"天河部落"诞生于 2005 年,是四大教育博客中最年轻的一位,但是发展速度却最快,其日志总数居四大博客之首。"天河部落"是一个基于 Blog 技术的教学研究平台,该平台以其技术上的低门槛、情感上的人本化、使用上的开放性、经济上的零成本优势,以个人电子出版物的亲和形式走进教师的工作和生活之中,使教师乐于在教育 Blog 上记录教学经历和教学心得,乐于反思、学习与自我完善,乐于欣赏自己的才华、成就与发展,使新课程引发的学习、交流的需要与教师主体意识融为一体,这是"天河部落"在短短几年内迅速普及的重要原因之一,也是整个教育 Blog 迅速发展的重要因素。以下是天河部落的截图,如图 4-1 所示。

图 4-1　"天河部落"教育博客截图

## (二)海盐教师博客

浙江省海盐教师博客明确提出"精英教研转向大众教研",宗旨是"建立个人网志,促进自我反思;开展广泛交流,沉淀学习路径;实现教师个体的专业成长和生命质量的提升。"在这里,骨干教师可以充分发挥他们的教学经验指导新教师,各学科教师可了解到外校教师正在怎样进行学科整合……校际间的讨论就在教师的指尖进行着,纷繁的问题可能很快迎刃而解。教师 Blog 的发展带来了日常教研工作的创新,找到了校本教研的新途径,使广大教师在各学科教研员的引领下,通过网络开展了教学交流研讨,共享教学资源,探讨教学问题,极大地促进了当地教学研究工作的创新和教师专业化水平。如图 4-2 所示为海盐教师博客的截图。

## (三)苏州教育博客

"苏州教育博客学习—发展共同体"明确把博客内容定位于"教师专业发展",确定了"开放、互动、交流"是共同体的基本特征,阐述教育 Blog 与教师专业发展的联系,以及教育 Blog 的基本品质、基本义务、基本权利和基本道德,强调实践在教育 Blog 促进教师专业发展中的重要意义。同年,在"苏州教育博客学习—发展共同体"上开展网络教学团队竞赛,直接把教学工作与 Blog 联系起来,倡导网络环境

**图 4-2  海盐教师博客截图**

下的同侪互助,在影响教师对信息化的理解方面产生了很好的作用。苏州教育博客的截图如图 4-3 所示。

**图 4-3  苏州教育博客截图**

(四)山东临淄教育博客

山东临淄教育在原有的"临淄校园博客"的基础上,发展出新的教育 Blog 社群—"临淄新课程网络教研",明确把教育 Blog 定位于网络教研,网站以学科分类为主,设 14 个学科栏目和 4 个学习路径栏目,开创了学科分类的教育 Blog 新体系。

山东淄博教育博客的截图如图 4-4 所示。

图 4-4　山东淄博教育博客截图

# 第三节　Wiki 及其教育应用

随着信息技术的发展,Wiki 继 Blog 之后成为互联网上备受关注的焦点,正如 Blog 改变着人们的习惯一样,Wiki 也凭借其特有的优势改变着人们的生活。

## 一、Wiki 简介

Wiki 一词来源于夏威夷语的"wee kee wee kee",原本是"快点快点"的意思,国内把它译为"维基"。1995 年 Ward Cunningham 为方便社区的交流建立了一个知识库系统,这个系统便是最早的 Wiki。他们利用 Wiki 系统,面向社群的协作式协作,不断发展出一些支持这种写作的辅助工具,从而使 Wiki 的概念不断得到传播和丰富。2003 年 Wiki 开始在国内流行,以产生一个免费的百科全书为目的的 Wiki 项目-Wikipedia 已经得到大力推广并具有一定的规模。

目前,国内对 Wiki 的通用定义为:Wiki 是一个共同的网站,任何人都允许修改任何页面并能够产生新的页面。Wiki 主要由一个个网页或文档构成,每个页面都包括一个描述性的标题,并且在页面之间具有超链接,页的内容由标题、加强的文本、代码、图像、连接到 Wiki 的其他页面的链接和连接到外部文档的链接组成。简单地说,Wiki 是一种提供共同创作环境的网站,即每个人都可以修改、完善已经存在的网页内容,或者创建新的页面,而不需要知道任何 HTML 语言。

Wiki 的目的就在于构建知识库,并且所有的人都可以参与库的构建,贡献自己的知识,从而体现了 Web 2.0 时代的"协作"和"共建"思想。因此,在 Web 环境下,Wiki 所倡导的协作、共建思想将对学习产生深刻的影响。

## 二、Wiki 的特点

### (一)简单方便

Wiki 是一个开源系统,用户不需要安装其他软件,只需通过简单的浏览器界面就可对 Wiki 页面的内容进行编辑。而且,Wiki 使用简单的超文本格式标记来取代 HTML 的复杂格式标记,即使不会 HTML 的人也可以很方便地编辑页面。如果要搭建基于 Wiki 的平台,也无须应用很多技术,便可通过简单的服务器平台即可搭建 Wiki。

### (二)开放性

Wiki 社群中的每个成员都拥有创建、修改和删除页面内容的权限,每个人都可对相关主题发表个人观点,社群成员通过修改、完善主题内容,形成共同参与、协作创建的学习共同体。不过页面内容的多次编辑可能会导致页面内容的准确性以及不稳定性,Wiki 内部拥有一套技术上的规范以保证 Wiki 系统的正常运行。Wiki 中每次内容的更新都被保留,这样即使页面被删除或者恶意编辑,管理员还是能够从记录中恢复其准确版本;页面锁定功能使得一些主要页面被锁定;已经较完整的页面的编辑只对等级更高的用户开放,这样既可保证 Wiki 面向大众公开的原则,又能降低一些恶意修改带来的风险。

### (三)自组织性和汇聚性

Wiki 注重内容的组织性和结构化。Wiki 中的超文本一般具有结构性,即文档中的内容是经过社区成员精心组织过的,其编辑页面中的标题设置、链接设置等都使得页面更加有组织性和规范化。而 Wiki 的汇聚功能也使得社区中的重复页面被汇聚集中起来,其相应的链接也随之改变。

### (四)连接性

Wiki 中的词条具有连接性,每个词条在其他页面中显示时,都有链接标志,这样社区成员在查看某词条或新闻链接时,对疑问词条可直接单击进入,而无须通过其他途径搜索查找,这样可方便学习和编辑,从而提高效率。

### (五)协作性

Wiki 中的主题一般是明确的,它要求成员针对同一主题作外延式和内涵式的扩展,即成员通过修改、维护页面等操作共同对一个话题进行深入探讨和补充。Wiki 可使具有共同的兴趣或者被共同的任务所绑定的成员自发组成协作交流小组,组员通过共同协商讨论、交流共享,共创所需主题。

## 三、国内常用的 Wiki 平台推介

### (一)维基百科

维基百科(http://www.wikipedia.org)是一个国际性的、内容开放的百科全书协作计划,是维基媒体基金会下的维基计划,由维基媒体基金会组织运作。

### (二)百度百科

百度百科(http://www.baike.baidu.com)是百度于 2008 年 4 月推出的以 Wiki 技术为支撑的一部内容开放、自由的网络百科全书,旨在创造一个涵盖所有领域知识、服务所有互联网用户的知识性百科全书。

### (三)互动百科

互动百科(http://www.hudong.com)是互动在线科技有限公司自主开发的维客系统,作为中国第一个自主开发的维客系统,互动在线迎合国际潮流,建立起一个强大的维客社区,鼓励广大用户集体创作条目,从而创建出一个巨大的涉及休闲、娱乐与生活的知识库。

## 四、Wiki 与 Blog 的区别

同为社会性软件,Wiki 和 Blog 都具有低成本、开放性和协作性等特点,它们都提倡知识的积累、共享、传播和交流。两者有联系,但也有区别,比如 Wiki 允许个人对非其开设的页面进行二度编辑等操作,而 Blog 禁止个人对非自身创设的文档的任何操作,只能通过评论功能对其回复,因此,Wiki 支持面向社群的协作式学习,与 Blog 的个人行为恰好相反。具体见表4-2。

表 4-2　Wiki 和 Blog 的区别

|  | 常规操作 | 主题内容 | 组织性 | 主　线 |
|---|---|---|---|---|
| Wiki | 可对主题内容重新编辑 | 具有明确的主题，每个人对主题的操作都是相关的 | 由一系列可再编辑的条目组成，并按照主题分类 | 以主题为主线，强调多人合作，共同协作完成，面向社群协作 |
| Blog | 只能对自己开设的主题进行编辑，或在其他文章中评论 | 主题松散，相关性差 | 按照日期排列的流水纪录式日志 | 以个人为中心，强调个性化，知识的共享 |

# 五、Wiki 的教育应用

Wiki 强调协作、知识共享，并以其使用方便、开放性、组织性和协作性等特点，在教育领域中被广泛地应用。它主要包括如下几个方面：

## （一）建设教学资源库

利用 Wiki 可以建设教学资源库。首先，Wiki 允许成员通过创建新页面将各种教学资源如讲义、教学设计、素材资料等传上网，他人通过修改、完善和扩展已有资源，保证了 Wiki 库中资源的准确性和完整性。其次，Wiki 的组织管理功能能够实现对库中资源的管理分类，不同类别的资源分属于不同的区域中，这样使得教学资源更加规范系统。最后，Wiki 的重新编辑功能可以保证库中资源的及时性，成员可将库中词条重新编辑，Wiki 站点上的内容便可及时更新，逐步形成了一个有活力的、完整的资源库。

基于 Wiki 建立的教学资源库应用在教学中即为学科建设工具，库中丰富的学科资源，能让整个课程更加充实，内容更加全面。

## （二）充当网络学习平台

Wiki 具有一般网络学习平台的资源发布、作业上传、交互和评价等模块，且因其操作简单、构建方便，因此，经常代替一般网络学习平台辅助教学。Wiki 平台的构建一般有两种方式：易用稳定、界面友好的、现有的 Wiki 平台，如百度百科、互动百科等；或者是利用技术自主搭建 Wiki 平台。现有的 Wiki 平台无须使用者掌握任何技术，只需在网站上注册账户即可使用，因此多用于中小学教学中；而自主搭建的方式一般被高校教学采用，两者各有优缺点，因此使用者可根据自身的条件选择使用。基于 Wiki 平台，可以实现如下教学活动：

(1)课程管理系统。Wiki 具有一般网络学习平台的功能模块。用户通过 Wiki 创建词条发布学习资源;Wiki 中所包含的辅助工具可以促进用户间的交互讨论;使用者可以在平台上提交作业、交流思想等一系列活动。

(2)自主学习。百科全书类的 Wiki 平台或者拥有大批资源素材的 Wiki 平台,都能辅助使用者进行自主探究学习。Wiki 上的资源为使用者的学习提供了便利,使用者可以在平台上获得所需知识、下载资料,或参与到资源的建设中去,使得隐性知识显性化,促进知识的转化,提升自我能力。

(3)协作学习。Wiki 有利于创设师生共同交流、协作互助和问题解决的环境。Wiki 的主题一般比较具体,对主题的严格关注使得平台汇聚了具有不同思想的学习者共同参与进来,学生围绕主题将组建形成一个活动圈或者学习共同体。成员间通过编辑、删除等操作交换思想,在这个过程中知识不断流动并共享,实现了范围更广、质量更高的协作式学习,他们共同合作完成一条术语、一种方案甚至一个项目。

### (三)专题学习网站

基于 Wiki 的专题网站建设能够贴近课程特点,网站的设计与开发将更加规范,能有效地实现专题讨论、专题学习资源动态扩充和过程性评价。基于 Wiki 的专题学习网站能够避免传统专题学习网站课程的编排,以主题展开的课程设计使课程既有逻辑,又符合学习者认知结构的知识体系,并在体系中重新划分和建立自己的知识点;协作互动方面淡化个人化,强调协作,引领学习者共同对条目详尽查阅并解释;Wiki 的历史追踪记录功能能够统计学习者的登陆次数和具体情况,从而进行过程性评价。

### (四)实现网络教研

基于 Wiki 可以实现教师、专家间的网络教研,促进教师专业发展。Wiki 为教师群体集思广益、交流研讨创设良好的环境,教师可以在 Wiki 平台上发布教育教学实践中的问题、教学体会等问题作为研讨主题,其他教师对其进行回复、修改或者批注,实现教师与教师间的研讨。平台中的一个主题便可集合多位教师的思想和经验,充分挖掘了教师的潜力和思想,形成富有时代气息的新型协作式研讨模式。在这里,Wiki 的优势体现无疑:Wiki 提供了虚拟的教研环境;协作辅助工具有利于教师协作探讨教学问题;富有的资源方便教师随时获取,为研讨提供资源线索,最重要的是 Wiki 强调共享、互动、反思,淡化了个人意识,强调群体的作用,Wiki 容易形成一个活跃的、积极的、协作的氛围,方便教师的协同教研,最终提高教研的实效性。

# 第四节　Moodle 及其教育应用

随着信息技术的发展,网络教学平台已经被广泛地应用于教学中,它不仅是促进师生加强课内外交流、深化课堂教学的场所,也是学校加强教学质量监控和规范教学管理的工具。Moodle 以其特有的优势,已发展成为高校和中小学最常用的教学平台之一。

## 一、Moodle 简介

Moodle 是澳大利亚的 Martin Dougiamas 基于建构主义理论开发的一个课程管理系统。它是一个免费的、开放源代码的软件,Modular Object-Oriented Dynamic Learning Environment 是它的缩写,即模块化面向对象的动态学习环境。Moodle 的教育理念先进、开放,且因其具有免费、开源、功能强大等特点而深受国内外教师和广大爱好者的欢迎,到目前为止,Moodle 的用户、基于 Moodle 构建的课程数量一直处于上升趋势。Moodle 在国内被译为魔灯,由上海师大的黎家厚教授引入推广,目前,已被国内的众多中小学、高校接受使用。

## 二、Moodle 的特点

Moodle 是一种课程管理系统、学习管理系统,利用它能够对课程进行有效管理,具有如下几个特点:

### (一)安装方便、易操作

Moodle 是一个免费的、开放源代码的软件,其配置简便、功能强大、易于安装和使用,对于使用者来说,在个人电脑上即可安装 Moodle 平台。Moodle 自动集成课程、测验、作业、讨论区、资源等模块,平台一经搭建便可自主选择所需模块,而无须使用复杂技术——实现所需功能。

### (二)理念先进

Moodle 是以建构主义学习理论为基础的平台,其设计与开发充分体现了建构主义所倡导的思想理念,即强调协作、探究,学习的过程应该是学习者对话、协作、互动、共同思考、合作解决问题的过程。以此理念为基础的 Moodle 平台课程的搭建,将更加注重师生地位的平等,倡导主动、协作和交互的学习行为。该理念与新课程改革的理念一致,将促进教学变革。

（三）模块化的结构设计

Moodle 的系统结构是模块化的,其中汇聚了众多的课程活动模块,包括学习资源、作业、论坛、测验、Wiki 和调查等模块。管理员或教师可采用自由组合的动态模块设计,根据课程的特点和教学需要将模块任意组合,建构适合学习者学习的网络环境。

（四）记录追踪

Moodle 还能记录追踪学习者的学习活动,完整地记录学生的整个学习过程。通过统计每个学生的活动,显示图形报告,包括每个模块的细节（最后访问时间、阅读次数）,还有参与讨论的情况,方便教师获得学习情况反馈,形成每位学习者的电子档案。

（五）支持多种标准

Moodle 还专门配备了一个 SCORM 模块,支持数据流的导入导出,课程可以被压缩成 SCORM 包作为备份或者供其他学习内容管理平台安装使用;促进知识的交流与共享。

## 三、Moodle 的主要课程活动模块

Moodle 提供了一系列课程活动模块,管理员或者教师可以根据需要选择合适的模块组合搭建平台,创设网络学习环境。以下是一些主要的课程活动模块:

**图 4-5 Moodle 主界面**

## (一)课程文件管理模块

Moodle 平台为每门课程设有一个独立的课程文件存储空间,教师可以方便地上传各种教学资源,包括 Flash 动画、音视频多媒体素材及教学课件等。学习者可根据自己的实际情况,利用教学资源按需学习,从而实现教学资源的高度共享。

课程管理
打开编辑功能
设置
委派角色
成绩
小组
备份
恢复
导入
重置
报表
试题
文件
从MET-2011-0952撤销选课
信息概要

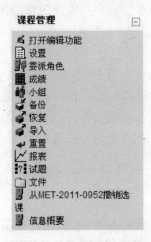

图 4-6　课程管理模块截图

## (二)资源模块

资源模块是课程教学内容得以呈现和学习资源的多样性的有效途径。教师可在资源模块中添加学习资源(支持显示任何文档、声音、图片和视频等),而主题目录中的资源文件也会同步在资源模块中呈现出。

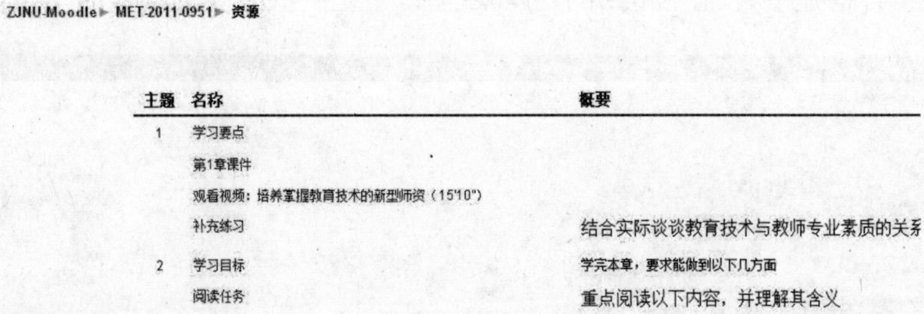

ZJNU-Moodle ▶ MET-2011-0951 ▶ 资源
主题
名称
概要
1
学习要点
第1章课件
观看视频：培养掌握教育技术的新型师资（15'10"）
补充练习
结合实际谈谈教育技术与教师专业素质的关系
2
学习目标
学完本章，要求能做到以下几方面
阅读任务
重点阅读以下内容，并理解其含义

图 4-7　资源模块截图

## (三)作业模块

教师指定任务,学生可通过作业模块上传作业,作业的格式不受限制,可以是文档、图片或者表格,教师可使用模块中的作业截止时间功能,时间一过,系统将自动阻止学生作业文件的上传。通过作业模块,学生还能够看到成绩并获得教师对作业的点评,获得反馈信息,另外,教师还可选择打分后是否允许重新提交作业。

MET-2011-0951▶ 作业

| 主题 | 名称 | 作业类型 | 截止时间 | | 已交 | 成绩 |
|---|---|---|---|---|---|---|
| 2 | 第二章读书报告作业 | 上传单个文件 | - | | 查看 52 份已交的作业 | - |
| 5 | 第五章形成性练习－－主观题 | 在线文本 | - | | 尚无人尝试做此作业 | - |
| | 上机操作考试：第五章ppt的设计与制作 | 高级文件上传 | 2012年11月6日 星期二 09:20 | | 查看 1 份已交的作业 | - |
| 9 | 第九章形成性练习－－主观题 | 在线文本 | - | | 尚无人尝试做此作业 | - |

**图4-8　作业模块截图**

### (四)日志模块

日志模块提供一种重要的反思活动。教师指定一个开放性的问题引导学生思考回答,学生可以在一定的时间内反复编辑和修改,每个学生所写的内容只有他本人和教师可见,同时教师将针对每个学生所写内容提供一定的反馈。

### (五)讨论区模块

讨论区模块是 Moodle 中的核心模块,学习者在这里进行协作、互动活动,实现知识的共享。其中的公共讨论区模块,学习者只能接收信息而无发布传播信息的权限,而在非公共讨论区中,学习者拥有添加话题、对话题进行回复的权限。管理员或教师还可在讨论区中根据分组情况建立分属于不同小组的讨论区,从而实现小组合作学习。

MET-2011-0951▶ 讨论区

**普通讨论区**

| 讨论区 | 描述 | 话题 | 订阅 |
|---|---|---|---|
| 新闻讨论区 | 普通新闻与通告 | 0 | 是 |
| 新闻讨论区 | 普通新闻与通告 | 0 | 是 |

**学习讨论区**

| 文章 讨论区 | 描述 | 话题 | 订阅 |
|---|---|---|---|

**图4-9　讨论区模块截图**

### (六)测验模块

测验模块可以使教师获得学生的学习评价。测验模块中,教师通过设计、编制测验试题,测验试题种类较多,包括选择题、是非题、匹配题和简答题等,模块提供自动打分功能,这样方便学生有效获取反馈信息,防止教师因教学任务繁重,不能及时给学生评价反馈,有效降低了教师的工作量,提高教学效率。

MET-2011-0951▶ 测验

| 文章 | 名称 | 试答设置 |
|------|------|----------|
| 1 | 第一章形成性练习——客观题 | 试答: 199 |
| 2 | 第二章形成性练习——客观题 | 试答: 147 |
| 3 | 第三章形成性练习——客观题 | 试答: 149 |
| 4 | 第四章形成性练习——客观题 | 试答: 153 |
| 5 | 第五章形成性练习——客观题 | 试答: 143 |

图 4-10　测验模块截图

### （七）调查模块

调查模块提供了一些系统预设的调查问卷,其问卷主要用来调查了解学生对课程的意见以及态度等。不过,由于 Moodle 功能还未完善,目前,该模块并不提供教师编辑设计问卷的权限,问卷只能简单获取态度和意见等信息。

MER–2011–0951▶ 投票

| 主题 | 试题 |
|------|------|
| 1 | 本学期你最希望学习的课件开发平台 |

图 4-11　调查模块截图

### （八）Wiki 模块

Wiki 提供了一种协作、知识共享的工具。Moodle 集成了社会性软件 Wiki 的部分功能,通过 Wiki,学习者能够对同一个主题或任务进行编辑操作,这个过程中参与者形成一个协作小组,每个学习者都拥有对其他学习者编辑结果的修改权利,学习成果是所有参与者知识、智慧的结晶。

## 四、Moodle 的教育应用

### （一）辅助课堂教学和管理

Moodle 既是课程管理系统,又是学习管理系统,能够满足教师教学和管理的需求,相比传统学习网站,还具有支持教师自主设计课程和创设学习环境的优势,因此 Moodle 可以作为日常教学的辅助平台,辅助教师的教学活动并提供管理帮助。教师利用 Moodle 平台作为传统课堂的补充,在组织开展自主学习、小组讨论、布置和批改作业等方面取得的良好效果,使的课堂的学习延伸到课外,同时也提高了学生的信息化学习能力。

目前,已有一些高校和中小学把 Moodle 平台应用于实际的课堂教学中,图 4-5 为浙江师范大学教师教育学院的在线学习平台( http://61.153.34.35:8290/)。

**图 4-12 浙江师范大学教师教育学院在线学习平台截图**

## (二)支持多种方式的网络教学

Moodle 平台为网络学习提供了一个理想的虚拟学习环境,它采用的模块化结构设计,方便教师自由选择界面、插件和各种动态模块,从而为自主学习、协作学习、探究性学习、项目学习等多种学习方式的设计与实现提供了弹性空间。平台关注对各种"活动"的支持,提供丰富的交流方式,如讨论区、聊天室、Wiki 等,其中词汇表以及 RSS 连接强调了一种共享、共献的思想。教师只要设计组织好学习的路线和资源,并加以引导,学生便能根据自己的认知和能力水平自主或分组协作进行教学活动,完成资源建设、学习活动和网上测评等任务。基于 Moodle 平台的功能,教师只需设计好每种学习方式的路径和方案,便可完成网上教学中协作学习、探究性学习或基于问题的学习等多种学习方式。

## (三)教师培训

传统的教师培训模式存在受训时间短且集中、培训方式单一、缺乏参与度和共鸣感、灵活性、多样性和探究性不够等缺陷,培训的目的往往不尽理想。近年来 Moodle 的崛起使得越来越多的教师开始采用面授和网络培训相结合的方式开展培训。基于 Moodle 的教师培训具有以下明显的优势:

(1)延长有效的培训时间。Moodle 平台使培训不再是局限在面对面接触中,而扩展到任何利用网络进行学习时。

(2)培训方式多样化。Moodle 提供了资源管理、学习管理和过程管理,并提供支持多种网络学习方式的交流工具,使得培训的教学模式更加多样化,避免了传统单一的讲授式教学。

(3)支持教师的多向交互。受训教师间可以跨越地域限制进行交互,还能与座位相隔较远的其他老师形成学习共同体,对学习内容和方法进行交流,激发受训教师的主动参与性。在短暂的集中培训之后,由于培训专家和学员之间长期的分离,而又缺乏一个专门与培训内容相关的沟通平台,培训效果大多不够理想,Moodle 正好可弥补这一点。

(4)支持教师的个体发展。Moodle 创设的环境更加适合教师的个体发展,教师可以在平台上通过自我学习解决个别化需求;也可审视跟踪记录,利用平台撰写心得报告,分析培训日志,作出评价,在自我省视和自我反思的活动中关注自己的受训行为。

(5)方便指导教师监控受训行为。Moodle 可以记录受训教师的登录情况、回帖情况等信息,方便指导老师获得有效信息,及时引导并促进有效行为的发生,避免传统培训中由于受训时间短,指导教师对受训教师关心不够、马虎应付的心态。

### (四)个人知识管理

知识管理是将组织可得到的各种来源的信息转化为知识,以便于知识的产生、获取和重新利用。教师的个人知识管理就是教师有目的地对知识进行学习、收集、整理、创新、交流和共享,从而提高教师个人素质,促进教师的专业化发展。Moodle 作为教师个人知识管理平台的优势主要在于:

(1)Moodle 平台提供的课程管理、作业、资源等模块可以对教师教学内容进行存储和管理。教师可将教学内容分类存储在制定的模块中。这些模块的课程管理包含了教师教学设计的思想,蕴含了教师的隐性知识。同时教师对教学内容、教学问题、教学过程的设计也可供其他教师借鉴和反思。

(2)Blog 和 Wiki 等模块可以嵌入 Moodle 平台中,这样就能把发展得较为成熟的教育叙事研究和集体创作纳入到教师知识环境中。教师可把自己的教学心得、教学体会发布到 Blog 中,也可利用 Wiki 进行多人协作,针对某一个共同的主题发表意见或对主题进行扩展或探讨,有利于教师之间的反思和共享。

(3)利用 Moodle 的交流互动模块,在交流中共享同事或学生的知识。此时,教学显性资源和教学反思同步存在于一个知识管理系统中,既能帮助教师和学习者(包括其他教师)更好地回顾和理解、学习好的教学过程,又促进了教师知识的显性化。教师既可随时掌握学生的学习情况,又能及时捕捉学生学习过程中的心理需求和变化来构建和调整自己的教学策略。同时,教师参与讨论,学生能更好地把握和理解学习内容及教师的意图,有利于教师隐性知识的传播。

(4)Moodle 平台允许同时开设多门课程,同一区域或同一学校的教师共享一个平台,为教师之间的知识共享和交流借鉴提供了便利,也为学校的统一管理和教师共同体建设提供了可能。如教师可以利用 Moodle 内嵌的 Wiki 进行集体备课,在群体间展开激烈的思维碰撞,实现观点的共享,既节省了教师面对面备课的时间,电子版资料的整理也更加方便,并且可以随时添加新的内容。坚持教师间知识的交流,必会促进教师间隐性知识到隐性知识的转化,并强化教师个体的知识管理意识与能力,使其养成个体知识管理的良好习惯。

# 第五节 其他网络交互工具及其教育应用

前面我们详细介绍了博客(Blog)、维基(Wiki)与魔灯(Moodle)3种支持协作学习交互的网络交流工具,并探讨了其教育应用。除此之外,在 Web 2.0 时代,还有其他网络交互工具具有同样的支持交互、协作的功能,本书由于篇幅有限,不能一一详述其功能与教育应用。这里将简单介绍一些其他类型的网络交互工具,供大家在其他工具的基础上触类旁通,结合自己的实际需求进行应用。

## 一、论坛(BBS)及其教育应用

### (一)BBS 的概念

BBS 的英文全程是 Bulletin Board System,翻译成中文就是"电子公告板"。BBS 诞生时是一种基于 Telnet(远程登录)协议访问的互联网应用形式,随着 Web 服务的兴起,基于 Web 的 BBS 开始强调主体性和交流性,于是,诞生了 Forum(论坛),现在人们将基于 Telnet 的 BBS 和基于 Web 的 Forum 统称为 BBS 或"论坛"。BBS 是一个基于计算机网络的信息、公告发布平台,其主要功能是支持在线异步讨论,发布者将自己的讲解或问题张贴于论坛形成一个"讨论主题",其他用户可围绕主题展开交流,浏览其他用户对此问题的意见或看法。

### (二)BBS 简要介绍

BBS 是以层级归类的形式组织内容的,一般分为讨论区、讨论板块、谈论主题三级。整个 BBS 论坛包括若干讨论区,每个讨论区又包括若干个讨论板块,板块中又包含若干讨论主题。

讨论区与讨论板块由论坛管理员设置,任何注册用户可以在特定的讨论板块下发起讨论主题。用户想要发起主题时,先将自己要讨论的问题定位到合适的讨论区内,再在该讨论区内确定一个与自己拟讨论的问题相符的板块,然后撰写发布主题,这样的主题称为"主贴"。浏览者可层层定位到特定的主题浏览并回复,即"回帖"或"跟帖"。

### (三)BBS 的特点

BSS 的特点如下所述。

(1)匿名性。登录 BBS 站的用户可以隐匿自己的社会真实身份。

（2）平等性。登录 BBS 站的用户在言论、权限上是平等的,参与者可以看到别人的所有讨论,也可以自己参与所有的讨论。

（3）平民性。BBS 站往往是由一些有志于此道的爱好者建立的,对所有人免费开放。

（4）广泛性。BBS 上的内容很广泛。由于参与的人很多,科研机构、商业机构、环境组织、宗教组织、高等院校等都加入了这一活动,因此,各方面的话题都不乏热心者。可说在 BBS 上总可以找到任何用户感兴趣的话题。

（5）传播的迅速性。

## (四)BBS 的教育应用

BBS 经过多年的发展,技术已经相对成熟,人们根据其功能特点,分别将其应用于教育的以下几个方面:

### 1. 构建教学资源库

从技术角度来讲,BBS 就是一个巨大的数据库,可以用来构建丰富的教学资源,甚至能在不使用其他软件的情况下,实现视频点播功能。

### 2. 构建交互环境

实时交流是 BBS 的传统功能,现在 BBS 已经发展为基于"语音"和基于"音视频"的实时交流为网上课堂提供可能。世界各地的教师和学生可以同时进行课堂教学活动,BBS 支持学习者发表、阅读和回复,为课堂教学以外的教学活动提供可能,如安排预习、课后讨论、网上答疑、网上写作课程、学生合作探究等。

### 3. 构建作业提交系统和网上题库

利用 BBS 中的邮件/短信服务可以方便地构建一套完整的作业提交系统。学生只要知道教师的邮箱就可转交作业。当然,也有很多教师和学生愿意直接将作业提交到 BBS 的讨论区,让更多人来参与作业和作业的评价过程。传统的 BBS 并没有专门的"题库"功能。一般的做法是利用插件或自己开发研制,然后再整合到 BBS 中。

### 4. 投票功能

师生在教学过程中,经常会就某一问题发起投票,通过这一形式对全体学员进行民意调查,由此引起学习者的追帖讨论,使之表明各自的观点。同时也为教师如何采取下一步的教学行为指明了方向。

### 5. 教学管理

早期的 BBS 管理极不容易,许多日常管理都必须直接在数据库上操作。现在的 BBS 软件发展已相当完善,只需按几个按钮就可以完成以前复杂的操作。这种管理功能在实际教学中很重要,例如,维护学籍和密码、增减版面、成绩管理、奖惩管理、发布教学信息等。

## 二、聊天室(chatroom)及其教育应用

### (一)什么是聊天室

聊天室也称网络聊天室,它是一种基于网络的多人实时交流空间。处在不同位置的用户进入空间后,可以与同一个空间内的用户展开自由、实时的交流。使用者可以选定某一用户私下交流,也可以公开发表言论、即实现多点对多点的交互。根据功能的不同,可分为普通聊天室、语音聊天室和视频聊天室。

### (二)聊天室的教育应用

#### 1. 在线讲座

利用聊天室,可以将身处异地的专家、教师与学习者汇聚一堂,开展在线讲座,有效利用社会教育资源。例如,由北京与上海教育技术学研究生共同发起和创办的 E-Learning 大讲堂(http://www.elearningforum.net/),借助北京网梯科技发展有限公司的语音聊天系统定期推出在线专家讲座,为所有对教育技术感兴趣的人士提供相互切磋、交流与学习的虚拟空间。

#### 2. 在线教学

新浪网推出的视频教学频道(http://chat.sina.com.cn/homeage/2007/channel/21.shtml)正是借助聊天室,在这个学习社区的学习者,都可以享受平等的交流权利和免费的知识大餐。在上课时间,学习者一旦进入这个房间,都能进行实时在线学习。学习者既可听到授课者的声音,也可在视频窗口中同步地看到授课者的操作过程,方便学习者模仿教师操作步骤进行学习。学习者可以通过"排麦"按钮申请到视听区发表自己的看法,或者向授课教师提出问题。

#### 3. 网络会议

利用视音频聊天室,教师可以让学习者足不出户就能远程参加会议,既可以节省时间,也可以将一些不便当面讨论的问题摆出与同学讨论,鼓励学生大胆发言。

## 三、即时通信(IM)及其教育应用

### (一)即时通信的概念

即时通信又称实时传信,简称 IM(Instant Messaging),是一种基于文字、语音、视频等形式的网络实时通信系统。它充分利用互联网即时交流的特点,实现了处在不同物理空间的人与人之间的快速交流。只要两个人都同时在线,就能像多媒体电话一样,传送文字、档案、声音、影像给对方。目前,在互联网上受欢迎的即时

通信软件主要包括腾讯 QQ、MSN Messenger、AOL Instant Messenger、Fetion 等。

### (二)即时通信的教育应用

IM 在教育领域中的应用对学习者来说具有重要的意义,它是一种即时通信软件,这可以让学习者之间、学习者与教师之间进行实时交互;让学习者之间的交流具有面授教学交互的实时性,使协作学习、探究性学习中的交流互动更加便捷。具体来讲,其在教学中的应用主要包括以下几个方面:

#### 1.辅助教育教学

利用即时通信软件的同步交流、文件传输共享、远程协助等功能,可以辅助日常教育教学。特别是应用在远程教育中,可以有效弥补师生之间、学生之间互动交流的不足,增强课堂凝聚力,提高教育教学效果。

#### 2.进行班级管理

随着计算机的普及、网络接入速度的提高,越来越多的家庭将现有条件使用联网计算机。基于即时聊天软件的网络聊天将成为人们交流的主要渠道之一。借助QQ 等软件的群组功能建立班级群组、学校群组、学科群组,即时发布班级和教学管理信息,不但能够实现班级管理的实效性,还能增强班级凝聚力。

#### 3.促进家校互动

利用即时通信软件的群组功能建立家长群组,即时将学生的学习情况、出勤情况等基本信息传达给家长,也可以组织家长就特定话题展开交流讨论、召开网上家长会、开办网上家长培训讲座、网络咨询等活动,增强家校之间的联系,有效提高协同教育水平。

## 四、网络学习社区及其教育应用

### (一)网络学习社区的概念

网络学习社区(E-Learning Community)是一种基于网络的学习环境,其名称多种多样,如虚拟学习社区、网络学习社区、知识社区、电子学习社区等。目前,在国内并没有对网络学习社区的统一定义,大多采用张新明副教授的定义:"网络学习社区是在网络环境上的由各种不同类型的学习者及其助学者(包括教师、专家、辅导者等)共同构成的一个交互的、协作的学习团体,其成员之间以网络和通信工具为主要手段,经常在学习过程中进行沟通、交流,以获取知识,共同完成一定的学习任务,并形成相互影响、相互促进的人际关系。"一般来讲,网络学习社区都包括网络、社区、学习和技术 4 个要素。

互联网上有很多大型的社区,例如,水木社区、天涯社区等,严格说来这些并不能算做网络学习社区,因为要想成立社区必须要有稳定的、达到一定数目的成员进行学习和交流活动,而互联网上的大量社区虽然在面向公众的虚拟社区的社区特征非常明显,但是针对学习的应用适应性不足,还需要进行知识管理、学习信息等方面的设计与研究。网络学习社区的特征包括网络性、跨区域性、无限性、主动性、自主性和平等性等,由于后面的章节将对网络学习社区细述,因此这里就不展开。

(二)网络学习社区的教育应用

1.辅助日常教学

网络学习社区具有社区的一般功能特性,应用于学习中还可以发布信息、提供资料,展示成果,自组织和构建的网络学习社区还可以将以上介绍的网络交互工具和平台有机整合辅助日常教学。

2.促进教师专业发展

骨干教师培训、校本培训等都是实现教师信息化均衡发展和协调发展的有效手段,利用网络学习社区完全可以实现优质教师资源城乡共享,社区提供的平台与支撑条件为教师专业培训创设了一个宽松的氛围,拓展了时空范围,成为促进教师专业发展的主要场地。

# 第五章 信息化教学管理能力

管理就是组织或机构的管理者在特定的环境中,应用一定的原理和方法,引导组织有序的行动,从而使有限的资源得到合理的配置并有效的发挥作用,以达到预期目标。聚焦质量、关注效能、追求人道是教学管理的 3 个不同层次的境界追求。随着计算机在学校管理中的应用,教学管理信息化更有利于提高管理质量、管理效能和管理人性化。教育信息化在教育层面的特征主要体现在教学个性化、学习自主化、活动合作化、管理自动化、环境虚拟化 5 个方面。本章主要从信息化教学资源、信息化教学过程、信息化教学项目 3 个部分对教师信息化教学管理所应具备的能力进行介绍。

## 第一节 信息化教学资源管理

教学资源的是指通常为保证教育活动正常进行而使用的人力、财力、物力的总和。教学资源包括教学资料、支持系统、教学环境等组成部分。任何教育活动都需要以一定的资源条件为前提。信息化教学资源属于信息资源的范畴,信息资源是反映客观事物的各种信息和知识的总称,它不仅包括人类经济社会活动中积累的信息,也包括信息生产者、信息技术、信息设施等信息活动要素。因此,信息化教学资源应当包括支持、促进信息化教学的物质、信息、人力等所有因素和条件。信息化教学中的文字、图片、动画、音频、视频,是一种资源;数字化环境下的人际交流,也是一种资源;人才、专家、学习伙伴,同样是一种资源。本节所讨论的信息化教学资源主要是指以信息技术为基础和核心,承载教学信息,支持教学活动的软件教学资源。

### 一、信息化教学资源的特点

人们对教学资源的基本看法即教学资源观支配着信息化教学资源的开发与利用,制约着学校课程的实现,影响着学生的发展和进步。因此,教师的信息化教学资源观对信息化教学资源的开发和利用起着导向、维持和监督作用,成了影响信息化教学资源有效开发与利用的关键因素。

资源是一个非常上位的概念,在教学活动中,教学资源作为抽象名词,首先,是作为教学内容的载体——媒体而存在,媒体作为一种传递信息的工具,沟通了教与学的过程,起到了良好的桥梁和纽带作用;然后,是作为媒体的内容即教学信息的存在,它使得教学得以持续进行,使教师和学生通过资源内容得以共同进步;最后,是作为教学活动得以生存的教学环境和条件存在。信息化教学资源,就是信息技术环境下的各种数字化素材、课件、教学材料、网站和认知、交流、情感激励工具。不同的教学资源各自具有不同的功能特性。

（一）教学媒体特性

媒体可通过将事物由小化大、化快为慢、由远及近、化动为静等方式,来提高人的感觉能力。媒体的延伸打破了人类感知刺激的习惯,促使人的感官平衡发生变动。如电影是通过蒙太奇镜头组接手法,将并不连贯的镜头形成一部完整的有机组合影片,并通过画面、明暗、色彩、音响"强迫"观众的视觉、听觉器官接受这种"完整的有机组合"。在教与学的活动过程中所采用的媒体称为教学媒体,它是指在传播知识、技能和情感的过程中,储存和传递教学信息的载体和工具。综观起来,教学媒体除了具备一般媒体的共同特性之外,还有自己独有的个别特性:

（1）表现性。也称为表现力,指教学媒体表现事物的空间、时间和运动特征的能力。空间特征:指事物的形状、大小、距离、方位等;时间特征:指事物出现的先后顺序、持续时间、出现频率、节奏快慢等;运动特征:指事物的运动形式、空间位移、形状变换等。

（2）重现性。也称为重现力,指教学媒体不受时间、空间限制,把储存的信息内容重新再现的能力。

（3）接触性。又称为接触面,指教学媒体把信息同时传递到学生的范围的大小。

（4）参与性。指教学媒体在发挥作用时学生参与活动的机会。模型、录音、录像、计算机等媒体提供学生自己动手操作的可能,使学生可能随时中断使用而进行提问、思考、讨论等其他学习活动,行为参与的机会较多;电影、电视、无线电广播、多媒体计算机等媒体有较强的感染力,刺激学生的情绪反应较为强烈,容易诱发学生在感情上的参与。

（5）受控性。指教学媒体接受使用者操纵的难易程度。

（二）信息化教学资源的新特点

1. 组织的非线性化

传统的教学信息,其组织结构是线性的,有顺序的。而人的思维、记忆却成网状结构,可通过联想选择不同的路径来加工信息。因此,传统教育制约了人的智慧与潜能的调动,限制了自由联想能力的发展,不利于创新能力的培养,而多媒体技术具备综合处理各种多媒体信息的能力和交互特性,为教学信息组织的非线性化创设了条件。

**2. 处理和存储的数字化**

利用多媒体计算机的数字转换和压缩技术,能够迅速实时的处理和存储图、文、声、像等各种教学信息,既可方便学习,增加信息容量,又能够提高信息处理和存储的可靠性。

**3. 传输的网络化**

网络技术的发展与普及,特别是各级教育网络的建立,使教学信息传递的形式、速度、距离、范围等发生了巨大变化,从而为网络教育、远程教育、虚拟实验室等新的教育形式的产生和发展奠定了基础。

**4. 教育过程的智能化**

多媒体计算机教育系统具有智能模拟教学过程的功能,学生可通过人机对话,来自主的进行学习、复习、模拟实验、自我测试等,并能够通过实时地反馈,实现交互,从而为探究型学习创设条件。

**5. 资源的系列化**

随着教学信息化程度的提高和现代教育环境系统工程的建立,现代教材体系也逐步成套化、系列化、多媒体化,这使得人们能根据不同的条件、不同的目的、不同的阶段,自主有效地选用相应的学习资源,为教育的社会化终身化提供了保障。

## 二、教学资源管理原则

信息时代教师和学生都拥有丰富的、个性化的各种形式的教学资源。有的是现成的,有的是自己搜集而来的,有的则是自己开发的。大致主要包括9类,分别是:媒体素材(包括文本、图形/图像、音频、视频和动画)、试题库、试卷、课件与网络课件、案例、文献资料、常见问题解答、资源目录索引和网络课程。另外,还可根据实际需求,还有其他类型的资源,如电子图书、工具软件和影片等。不论其来源如何,教师或学生对个人的教学资源进行有效的管理和利用,将极大促进教学的效果。

管理是组织的管理者在特定的环境中,应用一定的方法和原理,引导组织中的被管理者有序的行动,从而使有限的资源得到合理的配置并发挥作用,以达到预期的目标。同样,在教学资源的管理中,同样也有一些重要的原则:

### (一)系统性

种类繁多的教学资源,需要进行系统的管理,否则将出现混乱,查找麻烦。对各种资源进行分类管理,是教学资源管理的重要方法。对于非电子资源,可贴标签标识;对于电子资源,要注意设置好自己的硬盘目录结构,以便在用资源管理器进行目录浏览时一目了然。进行分类管理,有助于迅速检索出需要的资源。当然,分类的依据没有统一的标准,可根据实际情况确定,可能不同的系统之间、不同的人之间有不同的分类标准。比如,对于专门的资源管理系统,可把资源按学段、学科以及媒体类型进行分类存储;对于专题性的资源可结合专题中的问题,按其具体的要求和专题开展的进程分类。

### (二)安全性

除了考虑教学资源管理的系统性外,教学资源的安全性同样不可忽视。教学资源的获取,有时是不易被获取的,还有一些资源可能丢失或遭到破坏后将无法修复。因此,在教学资源的管理过程中,要特别注意资源的安全性。首先应该防止丢失,再就是对一些重要的电子资源,最好做备份,以防止计算机系统出现故障,造成资源丢失。

### (三)时效性

信息社会,知识更新的速度非常快。过去,知识更新要经过几百年、几十年,现在,知识两、三年就会翻一番。过去,一本教材,一本教参,就够一个教师用好几年。现在,教材的编写远远跟不上知识的更新速度。这些改变对教学资源产生有直接的影响。在不同时期,教师会慢慢积累一些教学资源,用于不同的教学目的。教师除了对这些教学资源进行系统的管理、保证教学资源的安全性以外,还有一个重要方面就是必须要关注这些教学资源的时效性。比如,有的教学资源可能过了一段时间就不再适用,而需要新的教学资源来替代;原有的教学资源分类体系可能不能满足现有的实践需要,而必须调整。教师应该定期对教学资源进行整理,判断哪些资源需要修改或删除,或者对资源进行重新分类,同时信息化教学资源的应用应结合教学需求,根据教学目标和学生实际,结合教学环境合理选择和实施。

### (四)尊重知识产权

现在,知识产权问题已经成为世界性话题,尤其是网络资源的知识产权问题日益突出。教师在获取和利用教学资源时,应特别注意尊重著作者的知识产权。不要擅自修改、复制和传播别人的资源,尤其不能擅自用于商业用途,否则将被追究法律责任。另外,要反对抄袭别人资源的创意形式和具体内容,这也会侵犯了别人的知识产权,并且还涉及人格问题。

## 三、信息化教学资源管理内容

根据不同的分类标准,教学资源可分为不同的种类。

依据表现形态,教学资源可分为硬件资源和软件资源两大类。所谓硬件资源,是指教学过程中所需要的设备和设施等有形的资源。软件资源是指各种媒体化的学习材料和支持教学活动的工具性软件。媒体化的学习材料主要包括含有大量教学信息的录像带、录音带、幻灯片、各种光盘,以及网络教育信息资源等。支持教学活动的工具性软件主要指的是支持教师的教和学生的学的计算机软件,例如,几何画板、搜索引擎、文字处理软件等。此处主要介绍软件教学资源管理。

### (一)软件资源的数字化

随着教育信息化的推进,需要对传统的印刷类和音像类资源进行数字化的改造。

**1.印刷类资源的数字化**

印刷类资源的数字化通常采用的数字化转化的技术有以下几种:

(1)手工录入。即通过录入人员手工录入和绘制的方式实现文字、图表等的数字化。这种方式所需辅助设备较少,录入精度高,形成的数字化结果使用方便,可支持各种检索方式。但是,录入效率极低、耗时长、成本高,文字校对和排版工作量大。因此,除了特殊的印刷资源外,对于大批量的数字化工作,一般不宜采用该方式。

(2)高速扫描。即通过高速扫描设备对印刷类资源进行精确度较高的扫描操作,从而实现数字化转换。该途径包括两个层次:第一个层次只将图书资料扫描转化成为图片的形式。这种方式转换速度快、原文变化小、转换效率高、人力成本低,可满足一般的阅读需求。因此,对于一般阅读需求的印刷类资料可考虑采用该方式实现数字化转换。但该方式存在扫描结果不清晰、结果不能进行全文检索、内容不能加以剪裁利用、图像的存储容量太大、不利于网上传输等缺点。第二层次是指在第一层次扫描图像的基础上,通过当前较为成熟的 OCR 技术实现对图像的文本识别和转换,再通过一定的文本和图标效验,实现扫描结果的全部或部分的文本化,从而达到和手工录入相同的阅读、检索、存储和传输指标。这种途径转换效率高、成本较低、便于保持原文原貌,适于大规模的文献资料加工处理。这也是当前资源数字化应该采取的最主要途径。

(3)数码拍照。即采用数码照相机等数码设备对原始印刷类资源进行拍摄,进而实现印刷类资源的数字化转换。这种途径一般不作为资源数字化的主要途径,只作为对其他方式的有益补充,主要用于古代书籍、字画等的数字化转换。

**2.音像资源的数字化**

音像资源的数字化主要包括两个方面的内容:一方面是指将模拟音像资料转换为数字音像资料,即将原磁带、录像带的模拟信号记载的信息转换为计算机能处理的数字化信息;另一方面是指对数字化的音像资料根据需要进行格式的转换。

(1)模数转换(简称 A/D 转换)。以磁带、磁盘方式保存的视频、音频教学资源,适应于广播、电视教学。但是,磁带、磁盘容易受到物理的、化学的侵害,存储寿命短,同时不利于网络时代信息的交流和存储。因此,需要将磁带、磁盘上的模拟格式信号转换成数字格式信号。

音频(Audio)资料转换:可借助于卡座和电脑中的声卡的功能,使录音磁带上的模拟声音信号从卡座输出,再输入到电脑中的声卡,并通过它转换成数字音频信号。

音像(Video)资料的转换:通过计算机可将传统的模拟视频信号转换为数字信号。如对 VHS 格式的录像带视频转换,其过程是将录像机与计算机连接,借助于电脑中的视频采集卡和捕捉工具软件,将录像带播放的模拟视频信号转换为数字信号,转换后的数据可保存为 AVI、RM、WOV、MPEG 等数字文件格式。

转换后的数字资料,经过数字压缩后形成数据流存储在硬盘中。

当前,不仅需要对音像资源进行数字化改造,同时还需要进行一定的编辑处理。我们可使用非线性编辑软件(Adobe Premiere)对存储在硬盘中的视频、图像、音频等各种数据进行编辑,加上动画、字幕、特技等综合处理,并根据需要生成一定的格式,同时将其保存在硬盘中。

(2)文件格式的转换。编辑、处理后的数字化资源并不一定就符合教育、教学的需要,还需根据特定的要求进行一定的格式转换。

(二)数字化软件资源的格式转换

在数字化软件资源管理的过程中,有时需要对资源进行格式转换,以满足一定的需要。不同格式的数字化软件资源占用的空间不同。有时为了减少存储空间的占用率,也就是说为了减小体积,需要将某一格式转换为另一格式。另一方面,有些工具对视频格式的支持是有限的,所以有时把少数格式(不常用的格式,软件不支持的格式)转换为多数格式(常用的格式),以满足用户的需要,这也需要对数字化软件资源进行格式转换。

比如,如果视频、音频资料需要发布到网上供用户点播,那么最好转换为流媒体(Stream Media)格式。常见的流媒体格式有 ＊.mov ＊.asf ＊.3gp ＊.viv ＊.swf ＊.rt ＊.rp ＊.ra ＊.rm 等类型。不过,在把视频、音频资料转换成流媒体格式前,一定要将珍贵的素材(或节目)转换保存为 ＊.avi 格式。＊.avi 格式的文件数据量大,占空间多,但资料保存完整。

下面介绍一些常见的格式转换软件。

音频文件格式转换软件:豪杰音频通支持目前常见的音频文件格式相互之间进行任意转换。

视频文件格式转换软件:转换大师、豪杰视频通是两款较好的国产软件,能轻松帮助你实现各视频格式之间的相互转换。

视频压缩转换软件:Real Producer Plus,它可将 WAV、MOV、AVI、Mpeg 等多媒体文件压缩成流媒体文件(＊.rm、＊.ra、＊.Ram),以利于网络上的传送与播放。

格式工厂:格式工厂是当前流行的格式转换软件之一,它几乎可转换任意格式的视音频文件。

### (三)数字化软件资源的管理

日益丰富的数字化资源是学校的重要财富。对这些分散的、无序的资源进行集中管理,使之能够共享,并能够使用户方便、高效、快捷地将其利用于自己的工作与学习之中,是当前教育技术管理的重要内容。

1. 管理模式

当前,我国对数字化软件资源的管理模式主要有以下几种:

(1)目录管理模式。这种管理模式是将不同的资源存储在服务器上不同的目录中,通过操作系统的目录共享功能对资源进行管理和操作。这种资源存储和管理方式直观、简单,远程访问时速度快、下载方便。但其安全性差,易受病毒侵蚀,易被他人盗用和破坏。同时,缺少便捷的检索工具,使用和管理都很不方便。虽然存在诸多问题,但这一资源管理模式目前仍受局域网用户的欢迎,尤其在自建资源的共享方式上较多采用。

(2)教学资源库模式。是将数字化资源存储在一定的数据库中,比如,网络教育资源库、素材库、E-Learning 资源库、课件库等。这种存储方式的特点是:安全性好,抗病毒能力强,有利于资源的查找、修改和添加,容易备份,能保证资源信息的完整性。但是,这种方式对数据库性能要求较高,对网络带宽也有一定的要求。

(3)专题网站模式。是把有关某个专题(主题)的所有资源放在一起进行管理的方式。如有关太空知识的专题网站,有关工具软件类资源网站(这类网站提供多种知识获取、知识发展、知识传递、知识利用和知识评价等工具,为广大用户学习、运用资源提供专用工具)等。

(4)教学资源管理中心模式。是构建在教学资源库基础之上,通过各种软件功能的支持完成对底层资源库的各种操作(添加、检索、删除等),实现对教学资源在应用层上进行科学的组织和管理的管理模式。许多教育信息化程度比较高的城市组建了城域网教育(教学)资源中心,其中心主要包括城域教育(教学)资源中心系统、区县教育(教学)资源系统和学校教育(教学)资源库系统三层资源组织结构,每一级资源库向上一级提出资源和服务需求或将零散资源提交上一级整合汇总,上级对下级来说是以资源中心的角色存在。

2. 技术管理

从技术角度而言,数字化软件资源管理中所涉及的内容有:

(1)资源的存储。教学资源信息可分为结构化数据和非结构化数据两类。

结构化数据能够用数据或统一的结构加以表示,如数字、符号;而另一类无法用数据或统一的结构表示,即非结构化数据,如文本、图像、音频、视频、网页等。数字化教学资源大多数属于非结构化数据。结构化的数据检索算法简单、检索速度高;而非结构化的数据不能用简单的数字解析式表示,必须取得基于这些资源内容及信息特征的解释,才能完成存储及应用。这些关于信息、资源特征的解释就成为元数据,也就是关于数据的数据。

通过对元数据的归类、整理,实现标准化的存储是数字化资源组织利用的基础。采用元数据存储方法,是数字化资源存储的主要方法,可方便对教学资源进行分类和组织,形成结构良好的有序信息数据,便于检索。

(2)资源的检索。对数字化资源的有效检索是资源管理的核心和关键环节。教学资源的检索是学习者对资源的需求和教学资源库中资源记录匹配选择的过程,它的基本原理是对资源集合与需求集合的匹配与选择。例如,用户可通过资源的某个特征(如题名、作者、格式、创建时间等)迅速找到所需的教学资源就是资源的检索。

检索技术的不断发展,检索的形式越来越多。按照检索方式的不同,检索系统可分为目录型检索、关键词型检索、元搜索三大类。

## 四、信息化教学资源管理平台

### (一)信息化教学管理(CMI)简介

教学过程的信息化管理是指利用计算机的数据管理和信息处理功能来支持教学活动,开展所涉及的各种要素和活动的管理。

通常将教学过程的信息化管理称为计算机管理教学(Computer Managed Instruction,CMI)。CMI 这一名词与概念,于 20 世纪 70 年代首次被提出。Baker(1978)将 CMI 定义为"使用计算机来从事学生个性化教学活动的管理"。CMI 的产生和发展与个别化教学的发展有着直接的关系。由于个别化教学要求根据各个学生的能力、兴趣、学习风格等个人特点来安排教学,即适应性教学(Adaptive Instruction),要不断地收集学生的数据,进行评价和分析,这就加重了教学过程中管理的任务;其次,行为目标在教学过程中的运用,进一步促使了教学过程信息化管理。Leiblum(1982)提出的 CMI 具有制定教育目标、规划教育资源与进度、安排教材、提供练习与测验、统计分数、个人与班级之进度报告、统计分析、个别咨询等教学与管理功能。

当前,可简单地将计算机管理教学(CMI)分为两类。

广义的 CMI:是指利用计算机(包括计算机网络)处理有关学校教学的管理活动。主要包括教学的组织管理、教学计划的管理、教学质量的管理、教育科研工作的管理、教学常规管理、教务行政管理等。

狭义的 CMI:主要是指科任教师在教学过程中,利用计算机(包括计算机网络)对教学过程中的要素及其活动进行管理。如了解学生学习目标、诊断学生学习进度、指导与指定学生适当的作业与练习、评价与比较学生的学习成效、学生学习数据的收集与报告等。

总之,广义的 CMI 关注的是利用计算机管理学校(地区)教学工作的方方面面;狭义的 CMI 主要强调利用计算机课程管理教学,而把计算机管理教务、实验等行政事部分归于办公自动化。

(二)CMI 系统及其功能

CMI 系统一般由通用计算机系统(包括硬件和系统软件)配以教学管理专用软件构成,通常狭义的 CMI 系统具有以下 4 种功能:

(1)收集、记录、处理教学活动的信息。

(2)建立与维护教学目标库、教材库、教师资源库、学生资源库和试题库等。

(3)对学生的个别学习进程进行自动监督与控制,对学生分配适当的学习任务,提供诊断性测验,进行学习咨询等。

(4)根据教学目标要求,对教学资源的配备情况用教学活动进行调度安排,使教学活动过程始终处于较好的状态。

(三)CMI 系统实例

案例 1:Moodle 平台的使用。

Moodle 是目前世界上最流行的课程学习管理系统之一。它是一个免费的开放性软件,逐渐成为国际上首选的适合基础教育和高等教育选用的学习平台,它在教育中的应用,本书在第四章中有详细介绍。

# 第二节 信息化教学过程管理

所谓教学过程式是指教师根据一定的社会要求和学生身心发展的特点,借助一定的教学条件,指导学生主要通过认识教学内容从而认识客观世界,并在此基础之上发展自身的过程。

当前处于信息化时代,教学呈现出信息化的特征,具有信息化特征的教学过程,我们将其称为信息化教学过程。所谓信息化教学过程,是指教育者和学习者运用现代教育技术传递、接受和交流教育信息的过程,是一种教育者和学习者的双边活动过程。它既是教育者借助现代教育媒体搜集、加工、处理和传递教育信息的过程,也是学习者借助现代教育媒体查询、探索、接收和加工教育信息的过程。

## 一、信息化教学过程的特点

与传统教学过程相比,信息化教学过程具有以下特点:

### (一)教学材料数字化

教材材料数字化主要体现在对多媒体的利用,特别是超媒体技术,使教学手段更新,教学内容的显示结构化、动态化、形象化。教材是教学内容的载体,多媒体教材把"死书"变成"活书",它不但包含文字和图形,还能呈现声音、动画、录像以及模拟的三维景象,使教学内容"活起来"。"活起来"的教学内容不仅能增加学生的学习兴趣,重要的还在于教师在设计"活书"过程中,可不受印刷教材的时限,及时地把社会上的先进技术、先进工艺、先进方法、最新研究成果编入多媒体教材中,在体现教材多媒体的特点外,还体现了教学内容的先进性、超前性。

### (二)教学环境多媒体化

信息化教学环境是运用现代教育理论和现代信息技术所创建的教学环境,这种教学环境包含在信息技术条件下直接或间接影响教师"教"和学生"学"的所有条件和因素,是硬件环境、软件环境、时空环境、文化心理环境等条件和因素的集合。新一代的教学媒体(如投影仪、视频展示台、电子白板、计算机、网络等)在教学中的应用,使得教学环境日趋多媒体化。

### (三)教学信息传递网络化

网络的出现和发展,使得教学信息的传递日益网络化。教育者和受教育者可通过网络进行信息的交流与沟通,实现教学信息的传递,完成教学任务。

### (四)教学对象多层次化

现代教学的教学对象已经从中小学生扩展到成人、各行各业、男女老幼,人人都可在多种教学环境下选择合适的教学媒体和所需要的教学内容进行学习,体现出教学对象的多层次化。

### (五)教学方法系统化

在信息化教育中,学生从传统的被动地接受知识、理解知识、掌握知识转变为主动地获取知识、处理知识、运用知识,将信息网络及技术,变成自觉学习、自我发现、自主探索的工具。现代教学过程重视把教学过程中涉及的多种因素作为一个系统,进行全面考虑,根据教学方法用系统的观点作最优的选择与安排,以获得最优化的教学效果。

（六）教学评价多元化

现代教学评价重视现代教育技术在评价中的作用,同时在评价指标、评价方法、评价主体、评价功能等多个方面均出现多元化的趋势。如电子学档能提供一种固定的反馈的源泉,能反映整个学习过程中学生各个方面的表现。

## 二、信息化教学过程管理的原则

信息化教学过程管理是指人们利用新的技术和手段对信息化教学活动的开展的各种要素和活动的管理。它主要包括两层含义:其一,信息化教学过程是管理的对象;其二,重视信息技术和手段在管理中的运用。当前,人们管理教学过程中所采用的新的技术和手段主要指的是计算机和网络技术。

依据信息化教学过程的特点,信息化教学过程管理应遵循以下原则:

（一）规范性原则

规范的管理是保证教育、教学过程顺利开展的基础。因此,信息化教学过程管理应该按照先进的管理理念,完善的管理制度、科学的管理方法,对教育、教学全过程实行规范的管理,以达到科学、规范、有序、高效的目的。

（二）信息化原则

教育信息化对教育、教学产生了前所未有的影响。在信息化教学过程管理中,必须运用信息管理技术,全面更新教学管理手段,加大教学过程管理信息化的建设力度,建立信息化管理模式,实现教学过程管理的科学化和信息化,提高教学过程管理的效率和水平。

（三）个性化原则

"人如其面,各不相同。"现代教学过程重视学生的个性以及个性的培养,因此,根据学生的不同特点进行因材施教的教学,进行个别化、个性化、针对性的管理是当前教学和管理的基本原则。

（四）连续性原则

教学是个连续的过程,同时学生的发展,也不是一蹴而就的事情。信息化教学过程管理要依据教学过程和学生身心发展的规律、遵循教学过程的阶段、对教学过程进行连续的、不间断的管理。

## 三、信息化教学过程管理的内容

教学过程管理包含教学活动展开所涉及的各个环节的管理。从教师的角度而言,教学活动基本环节主要包括:备课、上课、作业的布置与批改、课后辅导、考试与评价等阶段。因此,信息化教学过程管理主要包括以下几个方面的内容:

### (一)备课的管理

备课是上课的前提,是教师的主要工作。使用计算机辅助备课,可大大减轻教师工作的强度、提高工作效率。利用计算机网络技术,教师可了解教育对象的年龄特征,可收集存储大量的与教育、教学有关的资料,可快速、高效地备课,可设计美观、清晰的教案,便于教案及其他教学材料的管理。

### (二)课堂教学管理

课堂教学是教学过程中最为关键的一环,也是教学过程管理中最难管理的一环。利用计算机和网络技术开展课堂教学,有利于师生之间的一对多或一对一的交流;有利于记录学生在学习过程中的表现,教师可便捷地控制课堂教学的进程。

### (三)作业的布置与批改的管理

作业是常规教学中重要的一个环节,是课堂教学的延伸和补充。利用计算机和网络技术,便于作业的发布和提交(教师采用 Blog,Moodle 等发布作业,学生利用 Moodle、E-mail 等提交作业);便于作业的展示和评比;方便教师对作业的批改。

### (四)课后辅导的管理

利用计算机和网络技术开展课后辅导,可方便师生之间随时随地进行交流,便于教师解答学生的疑问。

### (五)考试与评价的管理

计算机和网络技术在考试和评价管理环节的作用主要表现在以下几个方面:

(1)便捷地进行过程性评价和终结性评价。比如,可采用档案袋评价法对学生的学习进行评价。

(2)学生成绩的统计和分析。可采用 Excel 软件对学生成绩进行统计,利用 SPSS 统计软件对学生成绩进行进一步的分析。

(3)便于对试题或试题库的创建与修改。

# 第三节  信息化教学项目管理

项目管理是基于现代管理学基础之上的一门新兴的管理学科,它重视运用项目管理的相关理论和方法,对项目的全过程进行管理,达到高效、高质、低成本的完成项目的目的,项目管理目前已成为继 MBA 之后的一种黄金职业。

## 一、项目管理的内涵

项目管理是一个管理学分支的学科,指在项目活动中运用专门的知识、技能、工具和方法,使项目能够在有限资源限定的条件下,实现或超过设定的需求和期望。

### (一)项目及其特征

#### 1. 项目

通俗地讲,"项目"就是一件事情,一项独一无二的任务。比如,开发一个课件,改变一个房间的布局等都可说是项目。开发课件、改变房间的布局都有时间、人员、资金等多方面的限制,是独一无二的任务;同时,要完成这个任务,需要开展一系列的活动,所有的活动都是为了任务的完成,任务一旦完成,项目即宣告结束。因此,项目就是在特定的资源和要求的约束下,通过一系列相互联系的活动而实现的一次性任务。

#### 2. 项目的特征

(1)一次性。一次性是指项目具有确定的起始点和唯一的终点,整个过程没有可完全照搬的先例,也没有可完全模仿的对象。项目目标完成,项目即告结束。这是项目和其他常规工作的最大区别,也是项目的最重要特征之一。

(2)独特性。也可称之为唯一性,是指每个项目都具有其他项目所不同的时间、地点、目的、外部环境等多方面的特性,是唯一的。比如,我们建设了许多多媒体教室,但是每一间多媒体教室都是唯一的,它们分别具有不同的结构、面积、朝向、位置等特点。因此,每个多媒体教室的建设项目都是唯一的。

(3)目标的确定性。每个项目都有明确的、具体的、确定的目标。这些目标主要包括:时间目标(在规定的时间内完成)、成果目标(提供某种规定的产品,服务或其他成果等)、费用目标等。

(4)活动的整体性。项目中的一切活动相互联系、构成一个整体。项目中的所有活动必须相互配合、协同一致,成为有机联系在一起的一个整体,才能保证项目的按时完成。

（二）项目管理及其特征

1. 项目管理

项目管理(简称 PM),是指项目的管理者在有限的资源约束下,运用系统的观点、方法和理论,对项目小组的全部工作进行有效地管理的过程。即从项目的决策形式到项目结束的全过程进行计划、组织、指挥、协调、控制和评价以实现项目的目标过程。

2. 项目管理的特征

(1)对象的具体性。项目管理强调是的对某一个项目的管理,具有明确而具体的对象。

(2)目标的明确性。在有限的资源范围内满足特定的需求是项目管理的目标。是否按时、高质、低耗完成项目任务是判断项目质量的重要标准。

(3)组织机构的临时性。项目的开展需要设置一定的组织机构。项目开始,组建团队,项目结束,团队解散,体现出项目组织机构的临时性。

(4)过程的整体性。项目管理主要以系统的思想、整体的观念对项目各个方面以及全过程进行分析、规划,统筹考虑各项活动的进程,协调影响项目进程的各种关系,使项目的所有活动相互配合,协调一致的完成项目任务。

(5)管理手段的先进性。项目管理要涉及与项目有关的方方面面的因素,非常复杂和烦琐。如果仅仅依靠人工手段进行管理的话,难免力不从心,效果不良。因此,信息化项目管理非常重视运用新的技术,尤其是现代信息技术,体现出项目管理手段的先进性。

# 二、项目管理的过程

项目管理主要包括以下几个阶段:

## (一)启　动

启动阶段是提出并论证项目是否可行的阶段。在这个阶段中,主要包括需求的收集、项目的策划、可行性研究、风险评估以及项目建议书的撰写等。

## (二)规　划

规划是指对可行性项目做好实施前的总体策划以及人、财、物及一切软、硬件的准备。规划阶段是项目成功实施的重要保证。其主要任务是项目任务和资源进行详尽计划和配置,包括确定范围和目标、确立项目组主要成员、确立技术路线、工作分解、确定主计划、专项计划(费用、质量保证、风险控制、沟通)等。

### (三)执 行

执行阶段也可称为实施阶段,是按项目规划实施项目的工作。执行阶段是项目生命周期中时间最长、完成的工作量最大,资源消耗最多的阶段。此阶段必须按照上一阶段制订的计划开展活动,来完成相应的任务。

这个阶段主要涉及分配分解项目、确定任务(各个子项目的工作任务)、发送《任务书》(各个子项目的《任务书》)、明确任务(各个子项目负责人明确子项目的内容、标准、进度、范围等)、协调沟通、宏观调控等项工作。

### (四)监 控

监控可说是贯穿一个项目管理的全过程。尤其是在执行阶段,监控显得更为重要。在项目执行过程中,项目经理要对各个子项目进行指导、监督、预测、控制、协调。要对项目进程进度监控、质量监控、成本监控、管理监控,要及时发现问题,及时调整方案,以推进项目目标的实现、指导、监督、预测、控制、协调,是整个阶段最重要的管理工作。

### (五)验 收

项目的验收标志着整个项目的阶段性结束,即项目的关系人(项目的利害关系者)对项目产品的评价、验收,并进行项目移交和清算。

这个阶段的工作主要包括:产品的评价、验收;产品以及相关文档(项目的利害关系者)对项目产品的评价、验收,并进行项目移交和清算。项目管理者要整理、完善项目过程中的各项文档,并写出《项目总结报告》。《项目总结报告》是项目收尾的标志性工作。

### (六)维 护

对于某些特殊的项目而言,后期维护是必不可少的一项工作,是发现问题,吸取经验,减少损失、提高效益的阶段。

一般而言,维护期的时间长短根据合同的约定。当然,从广义的角度而言,维护期的工作是长久的,将一直持续到本项目的产品停止使用之时。

## 三、项目管理的内容

项目管理的内容涉及项目运行过程中的方方面面,范围非常广泛,具体来讲,主要包括以下几个方面:

### (一)项目范围管理

项目范围管理是为了实现项目的目标,对项目的工作内容进行控制的管理过程。它包括范围的界定、范围的规划、范围的调整等。

### (二)项目时间管理

项目时间管理是为了确保项目最终按时完成的一系列管理过程。它包括具体活动的界定、活动排序、时间估计、进度安排及时间控制等项工作。

### (三)项目成本管理

项目成本管理是为了确保项目达到客户所规定的质量要求所实施的一系列管理过程。它包括资源的配置,成本、费用的预算以及费用的控制等项目工作。

### (四)项目质量管理

项目质量管理是为了确保项目达到客户所规定的质量要求所实施的一系列管理过程。它包括质量规划、质量控制和质量保证等。

### (五)项目人力资源管理

项目人力资源管理是为了保证所有项目关系人的能力和积极性都得到最有效地发挥和利用所做的一系列管理措施。它包括组织的规划、团队的建设、人员的选聘和项目的班子建设等一系列工作。

### (六)项目沟通管理

项目沟通管理是为了确保项目的信息的合理收集和传输所需要实施的一系统措施,它包括沟通规划、信息传输和进度报告等。

### (七)项目风险管理

项目风险管理涉及项目可能遇到各种不确定因素。它包括风险识别、风险量化、制定对策和风险控制等。

### (八)项目采购管理

项目采购管理是为了从项目实施组织之外获得所需资源或服务所采取的一系列管理措施。它包括采购计划、采购与征购、资源的选择以及合同的管理等项目工作。

### (九)项目集成管理

项目集成管理是指为了确保项目工作能够有机地协调和配合所展开的综合性和全局性的项目管理工作和过程。它包括项目集成计划的制订、项目集成计划的实施、项目变动的总体控制等。

## 四、项目管理软件

项目管理软件是当前项目管理的重要工具。对于大型项目管理,没有软件支撑,手工完成项目制订、跟踪项目进度、资源管理、成本预算等工作的难度是相当大的。采用项目管理软件进行项目管理是当前项目管理的重要手段。

### (一)项目管理软件的分类

根据管理对象的不同,项目管理软件可分为进度管理软件、合同管理软件、风险管理软件、投资管理软件等。

根据软件的来源国度,项目管理软件可分为国外项目管理软件和国内项目管理软件。

### (二)项目管理软件的主要功能

尽管市场上的项目管理软件各具特色,各有所长,但一般都具备帮助用户制定任务、管理资源、进行成本预算、跟踪项目进度等基本功能。具体来讲,项目管理软件具备的主要功能有以下几个方面:

(1)制订计划与安排进度的功能。

(2)成本预算与控制的功能。

(3)资源管理的功能。

(4)项目监督与跟踪的功能。

(5)处理多项目与了解项目的功能。

(6)报表制作功能。

(7)数据资料交换功能。

(8)图形生成的功能。

(9)安全保密的功能。

(10)排序与筛选的功能。

(11)假设分析的功能。

## 五、教育技术项目管理

教育技术项目管理是指运用项目管理的理论与方法,对教育技术领域中的项目进行计划、组织、指挥、控制和协调,实现项目高效完成的管理过程。

### (一)教育技术项目的分类

根据不同的分类依据,可将教育技术项目分为不同的种类。

从教育技术范畴的角度分,教育技术项目可分为与设计有关的项目、与开发有关的项目、与管理有关的项目、与评价有关的项目。

根据项目的内容进行分类,教育技术项目可分为与教学有关的项目、与科研有关的项目、与管理有关的项目、与后勤有关的项目。

### (二)教育技术项目管理的方法步骤

下面以网络资源开发项目为例说明教育技术项目管理的方法步骤。

网络资源库的开发涉及大量的人力、物力和财力,并且建设周期长,是一项综合的系统工程。网络资源库开发项目的管理,也可分为启动、规划、实施、监控、验收、维护等几个阶段。

**1.项目的启动**

项目的启动主要包括项目需求分析、可行性报告的撰写等一系列工作。

(1)需求分析。是通过调研和分析,确定某个网络资源库是否有开发的必要性过程。

(2)可行性报告。对本单位、本地区人员、资金、技术等方面统筹考虑的基础上,客观地作出能否开发某个网络资源库的决定,并写出可行性报告。可行性报告需要由上级部门或者专家给予评估,确定项目是否最终能够立项。

**2.项目的规划**

项目的规划是对可行性的项目做好实施前的总体策划以及人、财、物及一切软、硬件的准备,是项目成功实施的重要保证。网络资源库的项目规划主要包括组建团队、技术方案、开发方案、风险预测与解决方法等内容。

(1)组建团队。一般而言,要成立以下4个组织:项目管理委员会、项目管理小组、项目评审小组、项目开发小组等。

项目管理委员会是项目管理的最高决策机构,对项目进行全面管理、监督、决策。一般由该单位的主要领导和有关管理人员组成,比如可由教育局局长(副局长)和学校校长以及主抓教育技术工作的副校长等组成。

项目管理小组是由教务科(处)长、教研室主任等组成。具体负责项目开发过程的管理。

项目评审小组是由市场专家和教育技术专家组成。对项目开发全过程的可行性、技术性、质量等方面进行评审。

项目开发小组是由项目的具体开发人员组成的,包括教学设计人员、教育技术人员、学科专家等。主要负责项目的策划、网络资源库的开发、素材的收集整理等。

(2)技术方案。由网络资源库开发小组设计技术方案。主要包括系统结构规划、功能结构规划、安全可靠性规划、元数据标准建立等。

(3)开发计划。开发计划就是进度安排,是项目从启动到交付,再到使用这一个过程的时间安排。安排进度时,要把人员的工作量和花费的时间联系起来,合理分配工作量。同时,还需考虑任务的并行性问题,要考虑任务的从属关系,确定各个任务之间的先后顺序和衔接,合理安排任务的时间。

(4)风险预测与解决办法。在这个过程中,常常使用一些项目管理软件来辅助完成项目管理软件管理计划,比如使用 Project 2003 可绘制网络资源库开发的任务结构图、项目进度表等。

### 3.项目的实施

项目的实施过程是项目生命周期中的核心过程,是执行项目管理计划、完成项目的各项任务的过程。网络资源库开发的目的实施过程是网络资源库系统的详细设计过程。网络资源库开发项目的实施过程是网络资源库系统的详细设计过程,主要包括数据组织、算法描述、接口和界面设计等编程和调试。项目的实施要严格按照计划开展,并根据情况对计划作出适当的调整。

### 4.项目的监控

项目的监控贯穿项目管理全过程。对于网络资源库开发而言,主要包括计划监控、质量监控、管理监控等。通过监控,可及时发现问题、变更需要、调整方案,调控项目的进程,避免或者减少损失。项目监控可利用项目管理软件的相关功能来进行。

### 5.项目的验收

项目的验收过程就是确认项目结果是否达到预期要求,实现项目移交和清算的过程。

质量验收:主要验收网络资源库是否运行稳定、是否具有预想的各项功能、是否达到和满足需要等内容。

资料归档:资源库开发过程中形成的文档资料是重要的档案材料,要给予整理、归档。主要包括立项报告、可行性分析报告、初步设计、详细设计、软件详细设计、结构详细设计、测试大纲、使用说明书等。

### 6.项目的维护

对于网络资源库而言,后期的维护是网络资源库开发人员的重要工作。主要包括人员培训、纠错和完善等方面的内容。

# 第六章 信息化教学评价能力

　　教学评价是对教学效果进行的价值判断,它直接作用于教学活动的各个方面,是教学工作的一个重要组成部分,教学评价的理论与方法对提高教学质量,为促进教学改革正起着日益显著的作用。信息化教学评价是指在现代教育理念的指导下,运用一系列评价技术和工具,对信息化教学过程进行测量和价值判断,为教学问题的解决提供根据,并保证教与学的效果。信息化教学评价着眼于促进学生素质的全面发展,坚持形成性评价和终结性评价并重的原则,将评价过程和教学过程相整合,这样不仅有利于学生综合素质的发展,而且有利于学生分析问题、解决问题的能力的培养,注重给予学生更大的自主选择空间,使学生从被动接受评价转变成为评价的主体和积极参与者。

　　信息化社会中需要具有信息处理能力的、独立的终身学习者,这样的培养目标对于教学中的方方面面都提出了新的挑战,作为教学中的重要环节——评价也不例外。本章从信息化教学资源评价、信息化教学过程评价、信息化教学效果评价3个方面对信息化教学评价的内容、方法、评价指标体系与量规等方面进行了介绍。

## 第一节　信息化教学资源评价

　　在目前校园网硬件建设已具有一定规模,教育信息化基础设施建设已基本完善的基础上,信息化教学资源的优化配置与高效开发利用已成为教育信息化的核心要素。信息化教学资源打破了传统教学中时空的限制,为学习者提供了个性化的学习环境,以多媒体形式呈现学习内容,以交互方式实施学习活动,实现学习资源的共享。根据《现代远程教育工程教育资源建设技术规范》,教育信息资源可分为以下8类:媒体素材库、试题库、网络课件库、案例库、文献资料库、问题解答库、资源目录索引库、网络课程库。因此,对信息化教学资源进行有效评价为后期信息化教学资源建设有着重大意义。

### 一、信息化教学资源评价内涵

　　信息化教学资源绩效评价可概括为:评价主体依据一定的标准和体系,运用绩效评价的有关理论和方法,依据客观事实和数据,通过定量和定性分析的方法,对信息化教学资源的效益和效能作出客观、公正和准确判断的过程,通过绩效评价来验证与促进资源建设和服务质量,提高资源利用率,实现资源质量的科学管理。其中,信息化教学资源评价的主体与客体可互为转化,二者是积极互动的关系。

从目前国内外对信息化教学资源绩效评价的研究来看,关于信息化教学资源绩效评价模型和方法的文献较少,基础理论和实证研究均远远滞后于资源开发技术的蓬勃发展。国内针对绩效评价的研究极其有限,主要是以个人进行的国内外文献研究的理论探讨为主,研究重点在信息化教学资源理论体系构建方面,如评价指标体系的建立、评价方法等方面,绩效评价和绩效评价指标建立,目前仅处于探讨阶段,没有出现系统的理论及方法研究的文献,也没有形成一个成熟的评价理论和实际评价模式,研究信息化教学资源成本效益的实证研究相对缺乏,远未达到深入系统的理论研究和应用层面,这些问题的原因主要包括:

（一）信息化教学资源种类繁多,更新速度快,评价的标准难以跟上其发展速度

信息化教学资源具有资源众多、内容丰富、海量存储、资源分散、多种表现形式和类别、数据类型复杂等特点。由于不同的资源有不同的标准与要求,因此,很难用统一的信息化教学资源评价标准来进行资源的评价;其次,信息化教学资源发展迅速,更新频繁,时效性强,资源平台与资源种类不断推陈出新,评价标准和方法跟不上动态变化的资源发展速度,资源种类的多样性和复杂性造成了确定资源评价标准的困难与评价方法的相对滞后;此外,信息化教学资源无中心控制、组织松散、分散无序、可被轻易复制和广泛传播等特点,使资源绩效难以用统一的度量标准进行量化。

（二）信息化教学资源投入与产出的经济效益难以量化

信息化教学资源是一种具有一定公益性质的资源,是用来满足教育教学需要,教育机构作为非营利性机构,既无提高资源利用率的动力,又无提高效率的压力,所以教育效率的问题长期被人们所忽视。尽管有学者提过教育资源利用率的问题,但目前还没有形成系统的理论,也没有具体的评价指标。资源的布局合理性,用户的信息需求得到最大限度的满足,资源的共享程度和资源的创造性,学生在应用了信息化教学资源后的效果,这些问题是与教育资源绩效密切联系的。

（三）探讨信息化教学资源成本效益的研究相对缺乏

信息化教学资源的存在形式与一般的信息资源也有很大的区别,除了具备一般信息资源的属性,如共享性、可被多次复制和广泛传播、具有知识性和时效性等性质外,还具有多媒体的表现形式、迅速便捷的获取方式、广泛互动的传播方式;与传统教育资源相比,具有服务对象的不确定性等,这就造成了资源可比性方面的困

难,从而造成现在的评估指标、概念不统一,缺乏普适性。

## 二、信息化教学资源评价标准与方法

目前,国内外在网络信息资源绩效评价方面开展的研究还没有形成一个成熟的评价理论和实际评价模式,但其中电子资源绩效评价指标的制订及其具体实施为信息化教学资源绩效评价研究提供了宝贵的经验。Bertot 和 McClure(1999)为 ARL 建议的电子资源绩效评价框架有资源内容、资源服务和技术支撑 3 个组成部分。信息化教学资源绩效评价是一个复杂的综合评价过程,可从内容角度、经济角度、技术角度和社会角度来研究资源的绩效。

### (一)国内许多专家学者和教育工作者也曾进行过类似研究

国内的许多专家学者和教育工作者也曾进行过类似的研究,其中,董小英总结出评价的 9 项标准:信息的准确性、信息发布者的权威性、提供信息的广度和深度、主页中的链接是否可靠和有效、版面设计质量、信息的时效性、读者对象、信息的独特性、主页的可操作性。

张咏提出了比较具体的评价标准,包括:

可信性:权威性、目的性、公正性、利益倾向性、内容相关性及效用性、质量控制。

信息内容:准确性、完整性、时效性与存档性、信息组织与写作。

链接质量:链接内容、链接的表现形式。

易用程度:界面友好性、查询与检索性能、交互性能。

站点美观和多媒体设计,反馈与交流,可达性。

国内外学者关于资源绩效评价的一些已有研究成果可为评判信息化教学资源的质量、服务和适用性提供科学的理论指导和支撑。信息化教学资源绩效除了考虑内容、质量、技术等因素外,还要考虑资源的投入成本、资源的服务、资源的利用与共享和资源所产生的效能等方面的内容,并据此进行综合绩效评价。此外,信息化教学资源评价还必须包括教育教学的有关属性,符合教育教学资源的有关标准,有明确的教学目标与对象,有先进教育理论指导,传递正确的教学内容,支持教师的教学,提供学习工具,为学习者提供全方位、全过程的学习支持服务,提供对学习者学习过程的监控。

### (二)信息化教学资源绩效评价方法

#### 1.定性评价方法

定性评价方法是一种较为成熟的评价方法。定性评价方法大多集中于评价指标的确定。通过按照一定的评价原则、标准、指标对信息化资源进行评价,目前已有许多国内外专家提出了评价信息化资源的原则、标准、评价指标,但定性评价方法存在较强的主观性,指标项的设置和权重的分配往往会跟随评价标准的制定者而变化。

问卷调查法是一种信息化教学资源的常用方法,问卷调查通常有抽样调查和在线调查等形式。由于问卷调查的信度和效度容易受问卷的设计、评价标准、抽样方法、样本数量、样本分布和网络环境等多种因素所制约,因此,调查结果并不能全面、准确地反映资源的质量,在实施评价工作时需要花费较多的时间、人力、物力和财力,成本高,从而使得这种评价方法的可操作性较差,也难以适应大量资源评价的需要,评价结果的可靠性也较低。

2. 定量评价方法

定量评价方法是从客观量化角度、按照数量分析方法对信息化教学资源进行优选和评价,常见的定量评价方法是网络计量法。

网络计量法中的"网络影响因子"(Web Impact Factor,WIF)一词由丹麦皇家图书信息学院的 Peter Ingwersen 提出。目前,一般是利用网上自动搜集和整理网站信息的评估工具,实现网站的访问量统计和链接情况统计,通过对被访问服务器的访问数字进行统计分析,以此对网站排序,或者通过搜索引擎完成网站被链接次数的统计及排序。通过对网上信息进行定量描述和统计分析,揭示资源的数量特征和内在规律,从客观量化角度对资源进行优选与评价,这种评价方法具有方便、快速、客观公正、评价范围广等优点,是信息资源评价的一个发展方向。

3. 综合评价方法

(1)层次分析法。该法首先根据定性评价的指标体系建立层次结构模型,然后采用层次分析的理论和数学方法将定性指标量化,以达到评价目的。该方法将一个复杂问题分解成若干个小问题,并充分利用人们分析、判断和综合问题的能力,对复杂问题进行量化。层次分析法是利用人们的常规思维来处理问题。该方法通过对网站的属性进行概念划分,利用专家调查法来取得数据和权重,通过评分,确定网站的级别或排名;它的局限性主要表现在结果只针对准则层中的评价因素,人的主观判断对结果的影响较大;另外,在进行网络信息资源评价中由于不同的主题、不同性质的网站之间具有不可比性。而这种方法的可移植性比较差,因此,不能普遍用于网络信息的评价中。同时,层次分析法的步骤比较复杂,运用其进行网络信息评价的结果有一定滞后性,不适用于更新频繁的信息的评价。

(2)加权平均法。这是一套比较完整的评价体系,用"调查求重"的方法求得各指标的权重,然后利用加权平均的思想得出网络信息评价。指标体系既有定性指标,也有定量指标;既考虑网络信息资源的外部特征,又考虑其内部特征,即信息的内容属性。同时,这个指标体系还考虑到各项指标的适用对象或范围。加权平均法虽然在一定程度上避免了评价者的主观性,但也无可避免地存在以下一些缺点:网络信息的易变性和动态性使得网络信息资源的评价标准的制定和评价工作往往滞后于实际情况的变化;即使评价标准的设置考虑到用户的个性化特征与特定信息需求状况,但由于网络信息资源用户的广泛性,无法满足用户的个性化与特殊化的信息需求,由此导致评价结果对信息化资源的适用性问题。

(3)第三方评价法。是由第三方介入的,针对资源所有者以及用户所做的定性与定量相结合的电子资源评价方法。其主要形式有两类:第一类是商业性的专业网络信息资源评价网站(如 Magellan Internet Guide、Lycos Top 5% 等)。第二类是面向学术研究人员、对学术信息资源进行评价的网站(如 ADAM、EELS、SOSIG)等。

加权平均法是考虑到各项指标的适用对象或范围。利用"调查求重"的方法求得各指标的权重,然后利用加权平均的思想得出网络信息评价。指标体系既有定性指标,也有定量指标;既考虑到网络信息资源的外部特征,也考虑到其内部特征,即信息的内容属性;数据包络分析方法(Data Envelopment Analysis,DEA)是一种针对具有多投入和多产出的复杂系统进行相对有效性综合评价的方法,运用数学规划模型比较同类型的决策单元之间的相对效率,依据决策单元输入和输出来评价各决策单元有效性,由著名的运筹学家 ACharnes 和 W. W. Cooper 等人创立,由于 DEA 方法不需要预先估计参数,因而可以避免人为的主观因素,减少误差,简化运算,具有很强的客观性。因此,有人将 DEA 作为人力资本系统企业技术创新成果的评价方法,也有人应用 DEA 对高校投资效益进行评价的探讨评价高校产出水平等。信息化教学资源作为一项从建设、管理到应用的系统工程,是一个具有多种投入和产出的复杂化系统,因此,有些学者认为特别适合应用 DEA 进行评价。

## 三、信息化教学资源评价内容

信息化教学资源绩效评价包括从资源的投入成本与产出三个方面进行评估。信息化资源的投入包括资源的购买或开发制作、技术设备支持、正常运营成本;产出包括学生学习绩效、经济效益、社会附加效益的提高等。提高资源绩效意味着应降低成本,提高资源的建设质量和利用效率,优化资源配置。据此,资源绩效评价内容应包括资源投入成本、信息质量、教育科学性、资源的建设与共享、资源利用与服务资源的获得、师生信息资源素养、技术支撑等方面的内容,其具体内容如下:

资源投入成本:包括经费投入、人员投入、管理投入成本等。具体包括资源购买或制作的价格、软件和硬件的购置费用、资源制作人员总数、教师培训人次及教育培训费用、资源管理人员总数、管理人员培训费用、资源维护更新的费用、资源库服务成本、人均服务成本、受指导的师生用户人数、指导用户使用和获取资源的小时数等。

信息质量:包括资源导航设计、信息组织、提供信息的广度和深度、资源的全面性、准确性、权威性、时效性、交互性、艺术性、画面的美观性、独特性、内容更新频率等。

教育科学性：包括教学目标、对象、教学内容、教学策略支持、教学管理与学习评估系统、学习辅助工具，资源形式和内容，信息的科学性、真实性、可靠性、主题多样性以及实用性等因素。

资源的建设与共享：包括资源自主开发性、区域共享范围与级别、资源的共享范围与级别、学科共享性、不同信息类型资源的共享程度。

资源利用与服务：资源利用体现在用户需求、登录次数、检索次数和下载次数、校人均使用的次数。

全文下载量：资源的服务体现在用户满意程度、帮助与导航、维护更新服务、规范化与标准化程度、服务时间、资源应用于各种教学活动学时数等方面。

资源的获得：包括资源的数量和资源检索系统功能。资源的数量指标包括学科覆盖率、资源的数据量、资源信息的类型、资源重复率；资源检索系统功能指资源检索界面的友好程度、用户检索的易用性和方便性、检索系统的并发用户或在线用户数控制、用户服务链接的可靠与有效性等。

师生信息资源素养：衡量的指标主要有师生资源信息素养测评、学校信息化发展规划等。

技术支撑：主要的指标有采用的数据库管理技术、资源的上传、下载、浏览、审核、查询、删除、可操作性、使用分析，数据的可得性、资源的安全性、稳定性、规范性、便捷性等。

## 四、信息化教学资源绩效评价指标体系

信息化教学资源绩效评价受多种因素的影响，它是一个综合的评价系统，在建立信息化教学资源绩效评价、建立评价指标体系时，既要有定性的指标，又要有定量的指标；指标体系还应考虑主观因素和客观因素。尽管信息化教学资源的类型多种多样，但其中一些指标是所有的资源所必须具备的，因此，我们可先建立信息化教学资源所必须具备的基本指标项，然后，再根据不同的资源信息类型（如多媒体素材、网络课程和其他的教学数据）进行指标项的调整，并对不同的指标项分配不同的权重，从而建立信息化教学资源绩效评价指标，见表6-1。

**表6-1　信息化教学资源绩效评价指标**

| 一级指标 | 二级指标 | 三级指标 |
|---|---|---|
| 投入成本 | 经费投入 | 资源购买或制作的费用、软件和硬件的购置费用 |
| | 人员投入 | 资源制作人员总数、教师培训人次及教育培训费用、资源管理人员总数、管理人员培训费用、指导师生用户的人数、指导用户使用资源的小时数 |
| | 管理投入 | 维护更新的费用、资源库服务成本、人均服务成本 |
| 产出效益 | 信息质量 | 资源导航设计、信息组织、提供信息的广度和深度、资源的全面性、准确性、权威性、时效性、交互性、艺术性、独特性、内容更新频率 |
| | 教育科学性 | 资源的教学目标与对象、教学内容、学习引导、教学策略、教学管理、学习评估与辅助工具 |
| | 建设与共享 | 资源自主开发度、区域共享范围与级别、校内资源的共享范围与级别、学科共享度、不同类型资源的共享程度 |
| | 利用与服务 | 用户需求、登录次数、检索次数和下载次数、校人均使用的次数、全文下载量、帮助与导航、维护更新服务、规范化与标准化程度、服务时间、应用资源的教学活动学时数 |
| | 资源的获得 | 学科覆盖率、资源的数据量、资源信息的类型、资源重复率;检索界面的友好程度、用户检索的易用性和方便性、检索系统的并发用户或在线用户数控制、用户服务、链接的可靠与有效性 |
| | 技术支撑 | 数据库管理技术、资源的上传、下载、浏览、审核、查询、删除、可操作性、使用分析、所需数据的可得性、资源的安全性、稳定性、规范性、便捷性 |
| | 师生信息资源素养 | 教师资源信息素养测评、学生资源信息素养测评、信息化发展规划 |

　　在建立信息化教学资源绩效评价指标后,还要对各项指标分配权重,形成评价指标体系,目前,对指标权重的分配可采用问卷调查法、层次分析法、模糊分析法、加权平均法、数据包络分析方法等。

　　教育信息化是一项投资巨大的、复杂的社会系统工程,信息化教学资源的建设极大地推进了教育信息化的进程。目前,网络教育信息资源的绩效评价问题已成为教育界关注的热点问题之一,寻求有效的评价和管理信息资源的方法正成为当前研究热点。从研究与实践的进展来看,网络资源评价主要采用定性评价方法,定性评价方法和定量评价方法应相互弥补、相辅相成,以定性评价方法的全面性和成熟性来弥补定量评价方法的不稳定性;以定量评价方法的利学性、客观性来弥补定性评价方法。

对信息化教学资源绩效进行评价和比较,有助于教学质量的提高和教学成本的控制,减少资源的重复建设,不断提高信息化教学资源的教学有效性;此外,信息化教学资源绩效评价可为资源建设的科学决策提供参考,为资源的建设者和管理者提供指导性建议,促进各级信息资源中心的建设与发展,促进资源的整体优化建设。

# 第二节  信息化教学过程评价

## 一、信息化教学过程评价内涵

所谓信息化教学过程评价是指根据信息化教学理念,运用系列评价技术手段对信息化教学过程进行评价的活动。信息化教学评价强调评价主体的多元化,评价的主体可以是学生本身、教师、家长、同学等。信息化教学过程强调以学生为中心,其中最重要的就是学习者对学习过程的自我评价。只有学习者的自我评价才最能起到反思的作用,引起自我改进。因此,学生必须是评价的中心对象、主析评价者。协作者或者同学、教师等重要参与者也应当是评价的主要实施者。评价中首先应当考虑的是自我评价;然后是协作者或者同学的评价;最后是教师或者家长、社会对学习者的评价。

## 二、信息化教学过程评价内容

信息化环境下教学评价分为教学过程评价和学生学习过程评价。

### (一)教学过程评价

教师在信息化教学设计过程中应充分考虑体现以学习者为中心的三个要素:发挥学习者的首创精神,即要在学习过程中充分发挥学习者的主动性,又能体现学习者的首创精神;将知识"外化",即要让学习者在不同的环境中应用他们所学的知识;实现自我反馈,即要让学习者能根据自身行动的反馈信息来形成对客观事物的认识和解决实际问题的方案。因此,教师在教学设计时要有意识地让学习者参与整个设计过程中,使学习者掌握设计学习过程的各种策略与方法。首先要逐步引导学习者对自己的学习风格、现有基础与水平、兴趣爱好等作出确定与分析,并根据平时对学习者的观察与了解,对学习者作出的自我分析进行肯定或进行修正,

而后再依据建构理论对教学的各关键要素进行设计,具体过程如下:

1.引领学习者制订阶段性学习目标

教师在明确总体和阶段性教学目标之后,可引导学习者根据阶段性目标,结合自身的情况分析制订相关的子目标,这是信息化教学设计的基础。学习基础较好的学习者制订的子目标可能会比较少,而学习基础较薄弱的学习者则需对阶段性目标进行更细化的划分。在教学实施过程中,教师应不断提醒学习者学习的总目标以及现在所处的位置,可利用 PPT 展示学习的路线图。

2.设计学习任务与问题

学习任务与问题的设计需由教师与学习者共同参与,根据阶段性目标,设计真实的问题和有针对性的任务。"问题"应是真实的而不是虚构的,要真正对学习者有所触动。任务要有伸缩性,既要接近学习者现有的能力,又要保证更多的学习者有成就感。同时,还要安排一些具有挑战性的任务,以满足高水平学习者的学习需要。此外,教师可根据具体情况,把一些任务在课前预先布置,鼓励学习者利用课余时间去探究,以提高教学效率。

3.创设学习"情境"

创设"情境"是信息化教学设计最重要的内容之一,通过与实际经验相似的学习情境的创设,来还原知识的背景,恢复其生动性、丰富性,从而使学习者能够利用原有认知结构中有关的知识、经验及表象去"同化"或"顺应"学习到的新知识。教育实践表明,学习者即使掌握了大量的知识,也并不意味着他们能够把握何时、何地该如何应用所学知识去解决实际遇到的问题。因此,应以"任务驱动"和"问题解决"作为学习和研究活动的主线,将课堂教学与真实事件或真实问题相联系,在有具体意义的情境中传授学习策略和技能。教师可利用丰富的信息技术和信息资源,创设以下情境:

(1)创设故事情境。创设故事情境是根据教学内容、教学目标、学习者原有的认知水平,通过各种信息技术和信息资源,以"故事"的形式展现给学习者,尽可能多地调动学习者的视、听觉感官,进而理解和建构知识。故事情境让学习者感受之后用语言表达,或边感受边促进内部语言的积极活动。感受时,掌握形象思维的右脑兴奋;表达时,掌握抽象思维的左脑兴奋,左右脑交替兴奋,协调工作,挖掘大脑潜力。从心理学角度看,它是一种心理状态,是在教学过程中个体觉察到一种目的但又不知如何达到这一目的的心理困境。这一心理困境使学习者产生内心冲突,使学习者在对知识的渴求中,进行积极主动的学习。

夸美纽斯在《大教学论》中写到"一切知识都是从感官开始的",实验心理学的经验表明,通过多感官的刺激获取信息更容易引起学习者积极的情绪反应,有利于知识的保持和迁移。总之,课堂故事情境的创设将抽象知识直观化、具体化、形象化。

(2)创设问题情境。创设问题情境是在教学内容与学习者求知心理之间设置疑问,将学习者引入一种与问题有关的情境。创设问题情境有两个特征:一个是真实性,即一个真实或相对真实的情境,让学习者感到学习的目的不是记住一些死知识,而是学以致用;二是悬疑性,所设计的问题必须是学习者想知道但又利用现有的知识无法解决的问题。问题情境的设计不仅可激发学习者的探求欲望,还可引导学习者多角度、多方位地对情境内容进行分析、比较和综合,进而建构新的认知结构。在信息化教学中,设计问题情境的方式多种多样,教师可通过引入真实案例、模拟实验等多种途径创设问题,并可通过多媒体手段来提高问题的感染力和冲击力。

(3)创设模拟实验情境。设计模拟实验环境,就是设计与主题相关的,且尽可能接近真实的实验条件和实验环境,然后利用各种信息手段和信息资源实现。心理学研究表明:伴有生动情境刺激的学习活动,可调动学习者积极愉快的学习情绪。教师可依据客观的实验原理,利用信息技术模拟实验情境,集文字、图像、声音、数据、动画、视频于一体,创设出生动、形象、直观的实验环境和实验结果,使课堂教学转变为集多种感官于一体的交换操作,从而优化教学过程,提高教学效率。

(4)创设协作情境。设计协作环境是利用网上多种交流工具,如 MSN、E-mail、QQ 等,通过“角色扮演”等方式进行学习,针对某一个问题展开讨论交流,共同完成目标任务。由于信息化协作学习环境实现了时间和空间上的连续,使交互变得更加容易控制。教师要掌握的不仅仅是教学内容的逻辑序列和目标的合理安排,更多的是学习者的协作情况、学习过程的规划设计。协作情境与外部世界具有很强的类似性,有利于高级认知能力的发展、团队精神的培养以及良好人际关系的形成。协作情境创设的目的是在自主学习的基础上,通过小组讨论、协商和角色扮演等不同策略,以进一步完善和深化对主题的意义建构。整个协作学习过程均由教师组织引导。

(5)开发信息资源。教学情境的创设与信息资源的开发是相辅相成的。若忽视了信息资源的开发,教学情境将成为“空中楼阁”。在信息化时代的今天,各种信息异常丰富,学习者可轻而易举地通过网络、图书馆等找到自己所需的学习资源。然而信息的无限性与媒体的丰富性又容易给学习者的学习带来盲目性。因此,教师在这方面应提供必要的引导,及时地为学习者提供一些寻求有效资源的方法和手段。当学习者在学习新的或较难的任务时,教师可直接为其提供有用的信息资源,包括演示文稿、作业范例、单元问题、学习指南等。或者由学习者借助于教师开发或链接的信息资源,通过搜索、收集、处理信息,间接地获得知识和技能。后一种方式更有利于提高学习者自身的信息素养,使学习不再是被动的接受。由此,教师在开发信息资源过程中,要考虑信息资源是否具有“低门槛、高天花板”的特征,既要有利于基础较差的学习者能够获得足够的帮助,又要使高水平学习者的能力得到充分发挥。

4.设计协作学习

协作学习的设计是学习者在教师指导下,对自己的学习方式、学习途径、学习过程进行的设计。教师须动态把握教学进程,更多地关注不同层次水平学习者的不同需要,按照强弱搭配、优势互补的原则来进行分组学习。由于教师的角色发生了变化,学习者对教师的注意力相对"弱化",因此,教师有机会关注那些不够积极主动的学习者,以免其在课上因困惑而产生消极情绪。

（二）信息化教学中学生学习过程评价

信息化教学中的学生学习过程评价体现在评价的各个角色和环节上,如评价主体、评价客体、评价方式、评价手段等方面。概括来讲,信息化教学中学生过程评价体系的设计思想要树立"全程评价观"。信息化教学可更好地发挥学生自主学习能力,但如果评价体系不完整将直接导致学生错误的学习倾向。目前,大多数学校对学生的阶段性评定和分类,只是考试层面上的,包括入学考试、月考、期中考试以及期末考试等。可见,现阶段基础教育中对学生进行的评定,大多数只能称之为测验,而不是真正意义上的评价,不可能正确评定学生在信息化环境中的学习过程。信息环境下相应的评价体系要遵循评价本身所要求的全程性,因此要树立"全程的评价观",即在教学之前的教学设计阶段就对教学过程中和教学后计划实施的评价提前进行系统规划和准备,使对评价的规划成为教学设计和教学计划的重要组成部分,将对"教—学"过程的设计和规划转变为对"教—学—评价"过程的设计和规划。同时,在整个教学过程中不断搜集学生的学习信息,并据此分析诊断学生的学习情况,动态调整教学过程或提供学习建议,发挥对教学和学习全过程的促进作用。

## 三、信息化教学过程评价工具

在信息化教学评价中,除了对传统的评价方法,包括测验、调查、观察等进行改造,使之尽可能地满足信息化教学评价的要求之外,信息化教学评价需要发展一些新的评价方法(工具)。这些评价方法(工具)主要包括量规、学习契约、范例展示、电子档案袋等。

（一）量　规

量规是一种结构化的定量评价,用于评价指导或改善学习行为。一个量规是一套等级标准,每个被认为重要的评价方面或元素都要有一个等级指标,每一个元素的等级指标由几个等级组成,用于描述绩效的不同水平。在教育中,量规这一术语已发展成为一种用于评估复杂学习绩效的工具。

量规是与评价目标相关的多方面详细规定的评级指标,具有操作性好、准确性好的特点。虽然从字面上看,量规这一术语已发展成为一种全新的概念,但从内涵上来讲并不是全新的。在传统教学中评价非常客观性的试题或任务时,人们已经在不自觉的地使用这种工具了。例如,教师在期末评价学生一个学期的表现时,往往会从学生的学业成绩、平时作业、考勤情况及其他量化方面等多个维度进行综合考虑,给出优、良、中、差的等级评定。只是教师在使用量规时的自觉性、规范性不够。在评价学生的学习时,应用量规可有效降低评价的主观随意性,不但可教师评,学生也可以进行自评和互评。如果事先公布量规,还可对学生学习起到导向作用。

信息化教学的整个过程包括选择问题/主题/任务—确定目标—查找、收集、评估、组织信息材料—形成答案并能合理的解释等部分来看,评价可分为:对整个学习过程的评价和对其中某一项内容的评价。对内容的评价又可有对问题的评价、对资源的评价、对信息收集的评价、对结果的评价以及教师组织的评价等方面。

其中,对研究问题/主题的评价、对能力的评价(包括信息收集能力、信息分析能力、信息加工能力、解决问题的能力等)、对最终作品的评价(口头评价、书面报告、网站、演示文稿等)等量规主要由老师与学生共同设计。在设计过程中,教师要向学生展示如何设计量规,这样教学过程可逐渐过渡到学习者自己设计量规、使用量规对学习过程进行评价。

因此,在信息化教学中,量规一般以学习过程为评价的主要内容。根据每项活动的不同实施情况,在评价中还会出现对学习提出的问题的评价、对学习过程实施的评价、对最终成果的评价、对协作者的评价等不同专项评价量规,教学设计方案评价量规见表6-2。

(二)学习契约

学习契约也称为学习合同,是学习者与帮促者之间的书面协议或者保证书。这种评价方法来源于真正意义上的契约或合同。例如,当建筑设计师承担一项设计时,委托人通常要就这项设计的具体要求及交付日期进行详细说明,并与设计师签订合约。待设计完成后,评价设计是否合格的主要依据就是所签订的合约,了解预期的工作任务,因而有助于学生在较长的时间内根据契约内容来评价自己的学习,保持积极的自律,反过来也能激发学生动机与学习热情。当然,学习契约也不一定总是给学生很大的自由度,教师完全可根据需要制定相对客观的学习指标。

(三)范例展示

范例展示是指在布置学习任务之前,向学生展示符合学习要求的学习成果范例,以便向学生展示清晰的学习预期。例如,在信息化的教学中,往往要求学生通过制作某种作品来完成学习任务,如多媒体演示文稿或网站等,教师所提供的范例一方面可启发和拓展学生的思路;另一方面还会在技术和主题上对学生的工作起到指导作用。科学的范例展示不仅可避免拖沓、冗长或混淆不清的解释,帮助学生较为快捷地达到学习目标,还会对学生日后的独立学习起到潜移默化的引导作用,在必要的时候,可通过各种途径寻找可参考的范例来规范自己的努力方向。

表 6-2　教学设计方案的评价量规

| | 评价项目 | 3 | 2 | 1 |
|---|---|---|---|---|
| 教学设计方案（100分） | 课程概述<br>（5分） | 清晰说明教材版本、学科、年级、课时安排；合理安排本课例的学习内容和设计思路 | 基本说明课程情况以及教学意图 | 陈述不清晰 |
| | 教学思想<br>（15分） | 能够根据教育规律和学生特点，采用先进的教学思想和理念进行教学整体设计 | 在一定程度上体现了先进的教学思想 | 缺乏教学思想或观念陈旧 |
| | 学习目标分析<br>（15分） | 与课程整体学习目标一致，体现知识与技能、过程与方法、情感态度与价值观三维目标；符合年段特征；体现对学生综合能力尤其是创造性思维能力、解决问题的能力培养；目标阐述清楚、具体，可评价 | 与学习目标基本一致，体现知识与技能、过程与方法、情感态度与价值观三维目标；能体现学生综合能力尤其是问题解决能力的培养；目标阐述比较清楚、具体 | 目标空洞和学习主题相关性不大，与学习总目标不一致 |
| | 学生特征分析<br>（15分） | 准确分析并详细列出学生所具备的认知能力、信息技术技能、情感态度和学习基础等；对学习者的兴趣、动机等有适当的介绍 | 列出部分学生的特征信息 | 信息不全面或表述不清楚 |
| | 教学过程设计<br>（30分） | 设计合理的教学任务和教学策略；教学策略内容和形式丰富、多样，便于发展学生的多种智能，体现自主、合作、探究的学习方式；各教学环节的操作描述具体；教学策略体现了学习者特征和差异，有利于教学目标的落实；活动设计具有层次性，体现对学生不同阶段的能力要求 | 教学策略与目标基本统一，围绕总体目标的实现展开；教学策略内容和形式丰富、多样，便于发展学生的多种智能；教学策略要求比较明确、操作性较强 | 教学策略目标与总目标不完全一致，无法有效实现总目标。任务描述不清楚，缺乏层次性和差异性 |
| | 教学评价<br>（15分） | 设计可操作的评价方式；体现形成性评价和过程性评价的观点 | 提供了比较清晰的教学评价 | 未提供教学评价或评价方式不当 |
| | 学习支持服务<br>（5分） | 清楚地提供或说明课程学习所需的技术和资源环境的支持 | 基本能说出课程学习所需的支持 | 未提及 |

### （四）电子档案袋

电子档案袋（ELeaming Ponfolio）是指信息技术环境下，学习者运用信息手段表现和展示学习者在学习过程中关于学习目的、学习活动、学习成果、学习业绩、学习付出、学业进步以及关于学习过程和学习结果进行反思的有关学习的一种集合体。电子档案袋应该包括下列元素：学习目标；材料选择的原则和量规；教师和学生共同选择的作品范例；教师反馈与指导；学生自我反省；清晰合适的作品评价量规：评价标准和作品范例。

在先前的教学实践中，档案袋评价是一个真实意义的袋子，用来存放学生的作品和学习过程中可证明其努力和进步的例子。随着信息技术的发展，尤其是办公自动化软件和博客的出现，教学过程中开始探索使用这些工具来进行评价，即形成了电子档案袋评价。现在博客作为一种电子档案袋评价工具已经在教学实践中广泛使用，并取得了良好的效果。博客以时间为轴记录了学习者的五大类信息：学生信息、学习成果、学习反思、学习依据和学习过程。非常有利于开展过程性评价和真实性评价。

## 四、信息化环境下教学评价原则

**1. 方向性原则**

教师教学评价体系的构建，要有效保证教师沿着正确方向前进和发展，促进教师朝着信息化教学的要求迈进。

**2. 全面与重点相结合**

教师教学评价体系既要反映教师教学过程的全过程，同时突出重点，即着力抓住"信息化"环境下的特殊要求进行评价。

**3. 科学性原则**

评价体系在适应教学需要，实事求是的前提下，要符合教育科学、教育技术、教育规律和学习理论的要求。

**4. 定性与定量相结合原则**

信息化教学评价应尽量采用量化指标，由于教学评价有许多内容标准具有模型性，以达到准确标准；为便于控制操作，在量化评价的基础上，不便于量化的指标可采用一些定性评价。

**5. 结构合理原则**

信息化教学评价体系的结构要符合教学的特点和要求，能全面而完备地反映网络环境下教学的情况。

## 五、信息化教学设计的评价案例

信息化教学设计是一个连续的、动态的过程。对信息化教学设计的评价并非仅仅是在教学活动结束后由教师进行总结，在整个教学过程中，教师和学习者要密切配合，不断对教学进程适时作出必要的判断和评价，主要围绕以下四个方面进行：

（一）教学目标制定的合理性

一方面，教师要对自身作出评价，主要包括教学目标是否明确，是否符合相关的课程标准（教学大纲）要求，教学设计中是否考虑学习者的个体差异，教学设计是否能够激发学习者的兴趣、符合学习者的认知结构等。另一方面，教师还要帮助学习者对其阶段性学习目标作出评价，主要包括各阶段目标是否符合整体教学目标，详略是否得当，路线图是否清晰可行。

（二）情境创设的科学性

情境创设的科学性主要包括：故事情境的创设是否具有生动性和感染力，问题情境的创设是否具有启发性和引导性，模拟实验情境的创设是否具有真实性和直观性，协作情境的创设是否具有整体性和交互性等。

（三）教学设计的普适性

一方面，教学设计是否可根据具体教学情况的差异很容易地进行修改，以便应用到不同的教学对象和不同的教学环境。另一方面，教学设计的框架、内容对其他课程是否有借鉴意义和推广价值。

（四）学习情况掌控的有效性

学习情况掌控的有效性即能否对教学进程中学习者学习情况进行及时准确的把握。教师需针对具体的学习内容制定出详细的量化评估指标（信息获取能力、信息加工能力、信息创作能力、沟通协作能力、知识综合应用能力以及自主创新能力等）、对应权重、评估模型及评估人（教师、学习者本人或其他学习者）。必要时还可借助一些信息化技术手段辅助进行，如开发学习者学习效果动态评估软件等。

根据以上内容我们构建了信息化环境下的教学设计方案评价量规见表6-3。

表 6-3 网络环境下的教学设计方案评价量规

| 评价项目 | 说明 | 分数范围 | | | 得分 |
|---|---|---|---|---|---|
| | | 优 | 中 | 差 | |
| 主题/问题 | 主题内容及学习目标符合相关课程标准及教学大纲 | 18~20 | 12~17 | 0~11 | |
| | 问题的设计合理,能够激发学生探究性活动的兴趣 | 18~20 | 12~17 | 0~11 | |
| 技术整合 | 技术在教学中应用得当,能够有效支持教学目标的实现 | 13~15 | 9~12 | 0~8 | |
| 可行性 | 实施方案合理可行,具有可操作性和可推广性 | 13~15 | 9~12 | 0~8 | |
| 创新性 | 教法新颖,有助于培养学生的高级思维能力和综合实践能力 | 25~30 | 18~24 | 0~17 | |
| 加分项 | 作品设计及实施的其他独到之处 | 18~20 | 12~17 | 0~11 | |
| 合 计 | | | | | |

# 第三节 信息化教学效果评价

## 一、信息化教学效果评价内涵和功能

信息化教学效果评价是对信息化教学效果进行评量的活动以期确定教学状况与教学期望的差距,确定教学问题解决对策,其根本目的是确保改善教与学的效果。其功能主要表现在以下几个方面:

### (一)反馈调节功能

通过教学评价提供有关教学过程的反馈信息,以便师生调整教学活动,确保教学的有效性。教学过程中的反馈信息包括两类:第一,以指导教学为目的的对教师教学工作的评价,通过这类评价可调节教师的教学工作;第二,以自我调控为目的的自我评价,通过学生的自我评价,可加深学生的自我认识,提高认知意识和能力,有效运用学习策略和方法,增强学习的自主性。

### (二)诊断指导功能

评价是对教学效果及其成因的分析过程,借此可了解到教学各个方面的情况,以判断它的成效、缺陷、矛盾或问题。全面的评价工作,不仅可测量教学目标实现程度,还可找到没有实现目标的原因:是教学方法的原因还是学习策略的问题,是教师的原因还是学生的原因等。根据这些分析可进一步改善教与学的决策,以保证教学目标的实现。

### (三)强化激励功能

科学合理的教学评价可调动教师的教学工作的积极性,激发学生学习的内部动机,使教师和学生把注意力集中在教学任务的某些重要部分。对教师来讲,适时的、客观的教学评价,可使教师明确教学工作的重心以及需要努力的方向;对学生来讲,教师给予的公正评价,尤其是鼓励性评价,如表扬、奖励等,可提高学生学习的积极性和学习效果。

### (四)教学提高功能

教学评价本身也是一种教学活动。在这种活动中,学生的知识、技能将获得长进,甚至飞跃。比如,测验本身就是一种重要的学习经验,它要求学生在测验前对教学内容进行复习、巩固和综合;在测验过程中以材料进行比较和分析;而通过考试的反馈,可确证、澄清和校正一些观念,并清楚地认识到要进一步思考和研究的领域。另外,教师可在估计学生水平的前提下,将有关学习内容用测试题的形式呈现,使题目包含某些有意义的启示,让学生自己探索、领悟,获得新的学习经验或达到更高的学习目标。

### (五)目标导向功能

如果在进行教学评价之前,将评价的依据或条目公布给被评价人(教师或学生),将对被评价人下一步的教学或学习目标起导向作用。在教育信息化的进程中,评价的这项功能将越来越为人们所重视。原因在于,在信息化的教学设计中强调以学生为中心,学生将被赋予较高的主动性和独立性,这样一来,教师将更为关注学生是否能够在学习过程中按照既定的教学目标努力。为此,事先将评价的标准交给学生,使他们知道教师或其他学生将如何评价他们完成的学习任务,将有助于学生自己调节努力方向,从而达到教师预想的教学目标。

## 二、信息化教学效果评价的原则

所谓评价原则,是指在评价中必须遵循的基本要求,在信息化教学中,以下一些评价原则将有助于达到评价目的,进而实现整个教学的目标。

### (一)在教学进行前提出明确的预期任务

在信息化教学中,学习的任务往往是真实的,而学生又具有较大的自主权和控制权。为了避免学生对自己要达到的结果有一个明确的认识,这将使学生们主动地把自己的工作与预期的任务要求看齐。

### (二)评价要基于学生在实际任务中的表现

在信息化教学中,教学的组织者要尽可能地从真实的世界中选择挑战和问题,并在评价时关注学生在实际任务中所表现出来的提问的能力、寻求答案的能力、理解的能力、合作的能力、创新的能力、交流的能力和评价的能力。评价的重点要放在如何使学生的这些能力得到发展和提高上,而不仅仅是判断学生的能力如何。

### (三)评价应伴随教学过程的始终

既然信息化教学中的评价是一个进行中的、嵌入的过程,那么它也应该是随时并和频繁进行的,目的是判断学生的表现与教学目标之间的差距,进而及时改变教学策略,或者要求学生改变他们的学习方法及努力方向。事实上,评价是促进整个学习发展的重要工具。

### (四)强调学生对评价进程和质量承担责任

要发展自我评价能力,学生需要有机会制订和使用评价的标准,使他们在思考和反思中发展自身的技能。学生应该知道如何回答和解决诸如“需要解决的问题是什么”“我们怎样才能知道自己已经取得了进步”“我们如何才能得到提高”“我们怎样才能达到优秀”之类的问题。因此,只要有可能,就要尽量鼓励学生进行自评或互评,并使他们对评价的进程和质量承担责任。

## 三、信息化教学评价的特点

信息化教学评价的特点主要是通过区别于传统教学评价的一些方面来体现的。

### (一)评价重心不同

传统教学评价侧重于评价学习结果, 以便给学生定级或分类。其关注的重点是学生有没有学到规定的知识。信息化教学评价却侧重于评价学生的表现和过程,关注评价学生应用知识的能力。

### (二)评价标准的制定者不同

传统评价的标准是根据教学大纲或教师、课程编制者等的意图制定的, 因而对学生的评价标准是相对固定和统一的;而信息化教学强调学生的个性化学习,是“学生控制的教学”,学生在如何学、学什么、如何评价等方面有一定的控制权,教师则起到督促和引导的作用。因此，在信息化教学中，评价的标准往往是由教师和学生根据实际问题和学生先前的知识、兴趣和经验共同制定的。

### （三）对学习资源的关注不同

在传统教学中，学习资源往往是局限于相对固定的教材和辅导资料。对学习资源的评价往往是在大批量的生产与使用前，由特定的教学试验来进行。在实际的教学过程中，很少有对学习资源进行评价的活动。而信息化教学评价非常重视学习资源的评价，因为在信息化教学中，学习资源的来源和覆盖面非常广，特别是互联网学习资源的介入，更使学习资源浩如烟海。这就存在如何评价、选择和利用适合学习目标的资源问题。所以，在信息化教学评价中，对学习资源的评价就显得极为重要，并且是教师和学生的共同责任。

### （四）与教学过程的关系不同

在传统教学中，评价往往是在教学之后进行的一种孤立的、终结性的活动，其目的在于对学习结果进行判断。而在信息化教学中，评价是镶嵌在教学过程的每一个环节中的。评价本身是一个不断生成、嵌入的过程，是基于教学过程，并指向学习结果的，是整个教学过程中不可分的一部分。

## 四、信息化有效教学评价体系与量规

对于有效教学的评价，可以从有效交流、有效实践、有效讲授、有效教师以及有效教学组织管理五个维度进行评价。每个维度之内都有相应的细化说明。并且四个维度之间，也存在着相互影响的关系如图6-1所示。

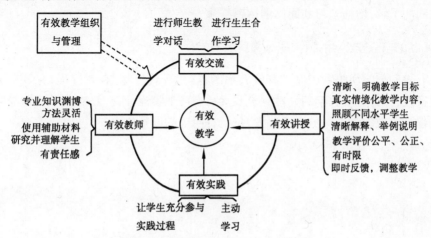

**图6-1 有效教学评价理论体系总结**

### （一）有效教师是整个有效教学中的主导因素

教师作为整个教学活动的主导者，对于能否产生有效教学具有主导作用。有效教师的行为，影响着有效教学过程的实现，组织着有效交流的进行，并为学生设计了有效的实践环节，这些外在行为的体现，需要教师具有有效的个人能力，包括专业知识渊博、方法灵活、使用辅助材料、研究理解学生、有责任感等。同样，有效教师在教学中的行为体现，包括教师是否组织了有效的交流，进行了有效的教学过程，设置了有效的实践环节，对于教师本身而言，起到了行为指导的作用。

### （二）有效讲授与有效实践相辅相成，更好的促进信息的内化和知识的习得

有效讲授与有效实践相辅相成。从传播学的角度出发，教学过程正是信息的传递与接收过程，那么主要的教学过程可分为讲授和实践的环节。有效讲授正是从传者的角度进行评价，目的在于评价教师教授是否更有利于信息的传递；而有效实践正是从受者的角度出发进行评价，因为作为信息内化的心理过程，更多的只能通过外在的行为表现进行评价，而学生的主动学习、实践学习被许多有效教学理论所强调，正是因为这可很好的促进信息的内化和知识的习得。

### （三）有效交流贯穿于有效教学的始终

有效交流贯穿于有效教学的始终。教学过程作为一个整体，有效交流正是联结学生和教师，以及在一对多环境下不同学习者等独立个体的主要方式，也是有效教学的重要体现。教师需要通过与学生的对话交流来了解学生的具体情况，从而调整教学进度；教师需要通过对学生的提问来启发学生思考，从而促进学生的主动学习；学习者需要通过合作学习来主动参与学习过程，提高学习的实践性，增进彼此之间的了解，增强学习共同体的情感交流。

### （四）有效的教学组织管理保障有效教学

有效的教学组织管理保障有效教学的进行，有效教师、有效过程、有效交流和有效实践，作为有效教学的显性评价要素具有可观察性，而有效的教学组织与管理就是保障有效教学进行的隐形要素，包括有明确的课堂纪律。

# 第七章 信息化教学的创新能力

　　信息技术的发展促进了我国教育信息化的建设,计算机多媒体与网络技术已经被广泛应用在教育当中,基于信息技术的教育信息化环境为学校教学提供了有力的支持的同时,也对广大的教师提出了新的要求。在这样一个日新月异的信息化新环境中,教师需要不断地提高自身的信息化教学能力才能够快速适应这个环境。本章的主题是关于教师信息化教学的创新能力,具体分为创建个人信息化资源中心、虚拟教研、网络学习社区这三大内容。

## 第一节 创建个人信息化资源中心

　　个人信息化资源中心是教育信息化环境下教师进行信息化教学的基础,个人信息化资源库的构建成为教师进行个人知识管理的重要工具,教师如何构建符合自己要求,具备自己教学特色的资源中心在教育信息化中显得尤为重要,个人信息化资源中心对教师的教学工作具有重要的作用和意义。本节从认识信息化教学资源开始,再阐述如何具体的获取信息化教学资源,最后阐述创建个人信息化资源中心的具体步骤。

### 一、认识"信息化教学资源"

#### (一)信息化教学资源的定义

　　资源是一切可被人类开发和利用的物质、能量和信息的总和。

　　教学资源是指在学校教学过程中,支持教与学的所有资源,即一切可被师生开发和利用的在教与学中使用的物质、能量和信息,包括各种学习材料、媒体设备、教学环境以及人力资源等,具体表现为教科书、练习册、活动手册和作业本,也包括实验和课堂演示时所使用的实物,还包括录像、软件、CD-ROM、网站、电子邮件、在线学习管理系统、计算机模拟软件、网上讨论 BBS 、网络教室、图书馆、电教室、教师、辅导员等大量可利用的资源。

　　信息化教学资源属于信息资源的范畴,狭义的信息化教学资源,特指信息技术环境下的各种数字化素材、课件、数字化教学材料、网络课程和各种认知、情感和交流工具。广义的信息化教学资源,还包括数字化教学环境,即教学过程中所使用的各种软件。本节所提到的信息化教学资源,主要是指蕴涵了大量的教育信息,能创造出一定的教育价值、以数字信号的形式在互联网上进行传输的信息资源。

(二)信息化教学资源的分类

信息化教学资源主要分为素材类教学资源、集成型教学资源和网络课程三大类,如图7-1所示。

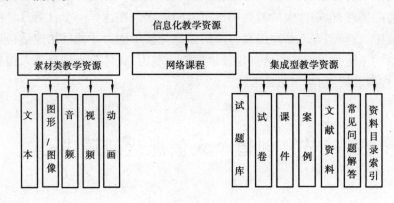

图7-1 信息化教学资源分类图

1. 素材类教学资源

素材类教学资源包括:文本、图形/图像、音频、视频、动画。

(1)文本形式的资源。通常用于知识的描述性表示。网络上以文本形式存在的资源相当丰富,可从其后缀名来辨识常见的资源,如:. txt,. doc,. rtf,. wps 文件等。

(2)图形图像形式的资源。通过图形或者图像来传达一种思想与信息,相对文本类型的资源而言更加直观、生动。合理地运用图形图像类型的资源会有较好的教学效果。这类资源常见的后缀名有:. bmp(位图文件),. jpg(压缩的位图文件),. gif(图形交换格式文件),. tif(标记图形格式文件),另外,还有. pic,. png,. tga等格式。不同格式的图片质量与所占空间的大小是不同的,通常情况下. jpg 文件所占的空间是最小的,但是图像质量在压缩过程中也会相应降低,部分. gif 格式的文件可显示为动画效果。

(3)动画形式的资源。动画是利用人的视觉暂留特性,连续播放一系列连续运动变化的图形图像而形成运动片段的技术。动画相对图形图像而言能够更好地体现事物的动态性,帮助人们建立对动态事物更直观的认识。常见的动画形式的资源后缀名有:. gif(图形交换格式文件),. swf(Flash 动画文件),. avi(Windows 视频文件),. flc(Autodesk 的 animator 文件),. mov(Quicktime 动画文件)等。目前互联网上比较常见的是. swf 格式的资源。

(4)音频形式的资源。作为一种信息载体,用来直接、清晰地表达语义。常见的音频形式资源的后缀名有.wav,.mid,.mp3,.wma 等,通常这些音频资源分为讲解、音乐与效果三类。

(5)视频形式的资源。是连续渐变的表态图像或者图形序列,沿时间轴顺次更换显示,从而构成运动视感的媒体,通常与音频资源配合播放。常见的视频形式的文件后缀名有:.avi(Windows 视频文件),.dat(VCD 中的视频文件),.mov(Quicktime 动画文件),.mpeg/mpg(mpeg 格式文件),.ram/rm(流媒体格式文件)等。

### 2.集成型教学资源

集成型教学资源包括:试题库、试卷、课件或网络课件、案例、文献资料、常见问题解答、资源目录索引。

(1)试题库。试题库是按照一定的教育测量理论,在计算机系统中实现的某个学科题目的集合,是在数学模型基础上建立起来的教育测量工具。

(2)试卷。试卷是用于进行多种类型测试的成套典型试题。

(3)课件与网络课件。课件与网络课件是对一个或几个知识点实施相对完整教学,用于教育教学的软件,根据运行平台划分,可分为网络版的课件和单机运行的课件两种。网络版的课件需要能在标准浏览器中运行,并且能通过网络教学环境进行传播共享。单机运行的课件可通过网络下载后在本地计算机上运行。

(4)案例。案例是指由各种媒体元素组合表现的、有现实指导意义和教学意义的代表性事件或现象。

(5)文献资料。文献资料是指有关教育方面的政策、法规、条例、规章制度,对重大事件的记录、重要文章、书籍等。

(6)常见问题解答。常见问题解答是针对某一具体领域最常出现的问题给出全面的解答。

(7)资源目录索引。列出某一领域中相关的网络资源地址链接和非网络资源的索引。

网络课程包括:通过网络表现的,某门学科教学内容和实施教学活动的总和,它包括两个组成部分:按一定的教学目标、教学策略组织起来的教学内容和网络教学支撑环境。不同类型的信息化教学资源都有不同的教学功能,见表7-1。

**表 7-1　信息化教学资源的教学功能**

| 主题资源 | 教学功能 |
|---|---|
| 知识类 | 具有存储知识、传递和交流信息的功能,为学生提供与单元学习主题相关的集成知识与拓展学习等支持材料 |
| 工具类 | 与主题相关的软件和学习工具的支持材料,还包含该单元的学习计划模板、课程设计模板等,便利学生学习 |

续表

| 主题资源 | 教学功能 |
|---|---|
| 案例类 | 教学案例和学生作品可以为学生自主学习、合作学习、研究性学习和探索性学习提供开放性的学习资源,提高学生识别、分析和解决某一具体问题的能力 |
| 评估类 | 不仅方便教师在教学的各个环节检测学生的学习情况,也为学生学习指导方向,并且具有开放性 |
| 素材类 | 数字化资源元素,包括图像,文字,视、音频等单元学习支持材料,模拟或重现事物发展的真实过程,激发学生学习兴趣,辅助教学 |

# 二、获取信息化教学资源

## (一)基于 WWW(万维网)的教学资源检索

### 1.利用专业网站或专题网站进行检索

利用专业网站或专题网站进行检索,比如各种学科资源网站等。通过搜索教育教学专业网站和资源网站,可以更高效地找到教学资源和素材。目前,互联网上中小学各个学科都会有成百上千家教学资源网站,这类网站数量众多,既包括教育门户网站,又包括各种学科资源网、教学网、主题网站。

### 2.利用网页搜索引擎检索

利用网页搜索引擎检索,比如百度(http://www. baidu. com)和谷歌(http:// www. google. com. hk)等。

就一般情况而言,通过搜索引擎查找资源是仅次于利用学科资源网站进行获取资源的一种有效的、方便快捷的常用方法。通过搜索引擎可找到大量的教育资源,一个关键词往往能搜索出成千上万条记录,这里面既包括了有价值的资源,也有着很多不符合需要的资源,因此,使用者需要学会更有效地使用搜索引擎,或另辟蹊径寻找合适的资源。

小技巧:在百度或谷歌中,可在检索词后面加上文件类型来检索,如想检索 PPT 文件,在检索词后输入 PPT 即可。另外,这两种搜索引擎目前都提供了专门的图片类素材、动画类素材、音频类素材甚至视频类素材的专门检索页面。

### 3.分类目录和网络资源指南检索

(1)分类目录检索。分类目录将网站信息系统地分类整理,提供一个按类别编排的网站目录,在每一类中,排列着属于这一类别的网站站名、网址链接、内容提要,以及子分类目录,就像一本电话号码簿一样,典型代表是"雅虎"和"搜狐"。你可以在分类目录中逐级浏览寻找相关的网站,在分类目录中往往还提供交叉索引,从而可以方便地在相关的目录之间跳转和浏览。你也可以使用关键词进行检索，检索结果为网站信息，这种检索也称为网站检索。

使用目录搜索的网站见表7-2。

**表7-2　目录检索常用网站**

| | | |
|---|---|---|
| 英文网站 | Yahoo! | http://www.yahoo.com |
| | Magellan | http://Magellan.excite.com |
| | Yahooligans | http://www.yahooligans.com |
| | The Internet Public Library | http://www.ipl.org |
| 中文网站 | 雅虎中国 | http://cn.yahoo.com |
| | 搜狐 | http://www.sohu.com |
| | 常青藤 | http://www.tonghua.com.cn |
| | 网典 | http://wander.cis.com.cn |
| 教育网站 | 中华人民共和国教育部 | http://www.moe.edu.cn |
| | 惟存教育 | http://www.being.org.cn |

如何选择和使用目录，具体如下：

①选择目录大类中的项目，然后逐步地缩小范围。

②用一个含义较广的关键词(如"新闻""台湾"等)查询，然后继续单击更详细的标题。

③如果一个目录不能给你想要的结果，则选择另一个，通常目录间会有很大的差别。

(2)网络资源指南检索。网络资源指南也是 Internet 信息检索的基本形式之一。为了将 Internet 这个混杂无序的信息世界纳入一个有序的组织体系中去，专业人员对此做了不懈地努力，他们按照不同的主题和某种严格的标准对各种网络信息资源进行采集、组织、评价，最终开发出了可供浏览和检索的网络资源主题指南。它与分类目录检索最大的不同就在于它只搜集、评价那些与某一主题相关的资源导航型网站，常称为书目之书目。

**4. 利用专用搜索软件进行检索**

利用专用搜索软件进行检索，比如图像搜索、流媒体搜索等。有许多专门的软件用于搜索特定类型的素材资源，比如图片搜索、流媒体搜索等，都是找到教学资源的利器。

**5. 利用专业数据库进行检索**

利用专业数据库进行检索，主要包括以下几个方面：

(1)美国教育资源信息中心(ERIC)数据库全文检索系统。

(2)Elsevier 的 Science Direct。

（3）中国期刊网，等等。

## （二）常用专业网站和专题网站

### 1. 常用媒体素材网站

（1）国家基础教育资源网。国家基础教育资源网（http://www.cbern.gov.cn/derscn/portal/index.html）。该网站内容丰富多样，按各种不同的需求进行排列，方便教师进行查找，其内容包括媒体素材和课件、案例等，其中媒体素材又分为文本类素材、图形（图像）类素材、视频类素材、音频类素材和动画类素材5种。

（2）超级图库（http://pic.n63.com）。该网站主要提供了各种网页素材图片，包括静态的和动态的，内容及其丰富，还提供了站内搜索，便于查找相关图片信息。

（3）百分网－课件素材库（http://www.oh100.com/teach/shucaiku）。该网站分为课件图片素材、课件动画素材和课件声音素材，在这三种大的分类下又再进行细分，内容非常丰富。

（4）中小学教学资源网站（http://www.edudown.net）。该网站有很多实用的教育资源，包含中小学各个学科的课件、教案、学案、试题、反思、教参、实录、说课、评课等同步资源，还可在站内进行搜索，查找所需的内容。

### 2. 常用学科资源网站

（1）语文教学优秀网站如下：

| 1 | 中学语文教学资源网 | http://www.ruiwen.com |
|---|---|---|
| 2 | 小学语文教学资源网 | http://xiaoxue.ruiwen.com |
| 3 | 中国语文网 | http://www.cnyww.com |
| 4 | 中小学教学资源站 | http://www.edudown.net/Soft/ShowClass.asp?ClassID = 11 |

（2）数学教学优秀网站如下：

| 1 | 中小学教学资源站 | http://www.edudown.net/Soft/ShowClass.asp?ClassID = 12 |
|---|---|---|
| 2 | 小学数学教学网 | http://www.xxsx.cn |
| 3 | 小学数学专业网 | http://www.shuxueweb.com/index.html |

(3)英语教学优秀网站如下：

| 1 | 英语合作网 | http://www.51share.net |
|---|---|---|
| 2 | 牛津英语教与学 | http://www.wdabc.com/Index.html |
| 3 | 中学英语教育资源网 | http://en.ruiwen.com |
| 4 | 中国基础教育网-英语 | http://www.cbe21.com/subject/english |
| 5 | 英语文学网站资源 | http://www.cycnet.com/englishcorner/digest/literature.htm |
| 6 | 新知堂剑桥少儿英语网 | http://www.xinzhitang.com.cn |

(4)物理教学优秀网站如下：

| 1 | 三人行初中物理网 | http://www.srxedu.net |
|---|---|---|
| 2 | 中国物理教育网 | http://www.cpenet.org.cn |
| 3 | 不倒翁物理教学网 | http://www.ccxcc.com |
| 4 | 物理教学网站 | http://physweb.51.net/teach.htm |
| 5 | 中学物理教学资源专业站 | http://www.gzwuli.com |

(5)化学教学优秀网站如下：

| 1 | 化学学科网站 | http://hx.zxxk.com |
|---|---|---|
| 2 | 中学化学学科网 | http://zxhx.jyjy.net.cn/article/index.asp |
| 3 | 化学学科网站 | http://huaxue.rcjy.com.cn/Index.asp |
| 4 | 中学化学同步辅导 | http://www.huaxue123.com |

(6)历史教学优秀网站如下：

| 1 | 中学历史在线 | http://www.ls11.com |
|---|---|---|
| 2 | 史海泛舟 | http://www.laoluo.net |
| 3 | 中国基础教育网历史频道 | http://www.cbe21.com/subject/history |

(7)政治/思想品德教学优秀网站如下：

| 1 | 高中思想政治教学 | http://miaozq.2000y.net |
|---|---|---|
| 2 | 中国基础教育网政治频道 | http://www.cbe21.com/subject/politics |
| 3 | 政治教学网 | http://www.zhzhi.com/Index.html |

（8）科学教学优秀网站如下：

| 1 | 科学教育网 | http://www.sedu.org.cn |
|---|---|---|
| 2 | 中国科普网 | http://www.kepu.gov.cn |
| 3 | 中国科普博览 | http://www.kepu.ac.cn/gb |

（9）体育教学优秀网站如下：

| 1 | 中学体育网 | http://www.zxty.net |
|---|---|---|
| 2 | 体育教学资源互动网 | http://www.pe-web.org |
| 3 | 体育教学网 | http://www.yemao518.com |
| 4 | 中国基础教育网体育与健康频道 | http://www.cbe21.com/subject/sports |

（10）美术教学优秀网站如下：

| 1 | 美术教学小时学习网 | http://www.24xuexi.com/tutorial/paper/teach/art |
|---|---|---|
| 2 | 中国美术教学网 | http://www.e-art.cn |
| 3 | 中国美术教育信息网 | http://www.arteduinfo.com/bbs/index.php |

（11）地理教学优秀网站如下：

| 1 | 中国基础教育网地理频道 | http://www.cbe21.com/subject/geography |
|---|---|---|
| 2 | CCTV－国家地理频道 | http://www.cctv.com/geography/index.shtml |

（12）信息技术教学优秀网站如下：

| 1 | 信息技术课程教学研究网 | http://www.51itedu.com |
|---|---|---|
| 2 | 中小学信息技术教育 | http://www.itedu.org.cn |
| 3 | 中小学信息技术教育网 | http://www.nrcce.com |

（13）音乐教学优秀网站如下：

| 1 | 中小学音乐教育网 | http://www.zxxyyjy.com/main.aspx |
|---|---|---|
| 2 | 中小学资源网－音乐 | http://www.zxxzyw.com/Common/yyy.html |

（14）生物教学优秀网站如下：

| 1 | 中国生物教学网 | http：//www. shengwu. com. cn |
|---|---|---|
| 2 | 中学生物教学 | http：//www. bgy. gd. cn/biology/wangye/wlq. htm |

### （三）网页搜索引擎的使用

在大多数情况下，搜索引擎是用来查找明确信息的最佳手段。搜索引擎的使用方法为：

①选择搜索引擎。

②确定搜索主题，以决定搜索用的关键字，现在各种搜索引擎的设置都是非常简单实用的，只要根据提示单击相应按钮就可进行相关操作了。

③缩小搜索范围，各种搜索引擎都有缩小搜索范围的功能，可使搜索更精确。

这里以百度为例，介绍几种常用的搜索技巧（注意：每个搜索引擎都是不同的，新用户可能需要在开始查找前先看一下该搜索引擎的帮助页面）。

1. 多个关键字的使用

输入多个词语搜索（不同字词之间用一个空格隔开），可获得更精确的搜索结果。例如，想了解上海人民公园的相关信息，在搜索框中输入"上海人民公园"，获得的搜索效果会比输入"人民公园"的结果更好。

需要说明的是，关键字输入不是越多越好，关键字相当于限制条件，过多的关键字，有可能导致检索到的内容太少甚至检索不到。

最好先从含义较广的词搜索，然后再逐步缩小范围。

2. 使用逻辑运算符

计算机化的搜索机制是建立在逻辑运算的基础上的，熟悉逻辑运算符的用法将有助于在 Internet 上查找资料。当可供选择的东西太多或得到的是错误结果时，逻辑运算符可用来缩小范围。逻辑运算符有 3 种：OR，AND 及 NOT。

AND　　返回的结果满足每一个条件。

OR　　返回的结果满足其中一个条件。

NOT　　返回的结果排除条件所要求的记录。

3. 使用简化的逻辑运算符

（1）使用"需要""排除"等概念。搜索引擎允许你在搜索时指定多个重要的关键词。

在关键词前插入" +"，表示在返回结果时需要此条件；

关键词前插入" -"，表示在返回结果时排除此条件。如果要避免搜索某个词语，可以在这个词前面加上一个" -"号（半角状态下的字符）。但在减号之前必须留一空格。例如,避免搜索"公园"这个词语,可以这样表示:"-公园"。比如:+中国+教育技术-电化教育,表明返回的网站内容中包含关键词"中国"与"教育技术",但不包含"电化教育"。

(2)用短语查找。如果要寻找准确的短语或短句,需要把这些短语放在双引号中(如:"建构主义教学原则")。

4.元词搜索

在表达式中还可设定一些限定条件,即"元词",以加速查找,例如:只查找页面标题或特定范围。一般情况下,把元词(连同符号":")放在关键词的前面。常用元词及其用法见表7-3。

表7-3　常用元词及其用法

| 搜索类型 | 元词 | 说　明 |
|---|---|---|
| 三题搜索 | title: | 搜索网页文档的主题,即浏览器标题栏上显示的标题 |
| | t: | 等同于"title" |
| 站点搜索 | host: | 搜索符合条件的站点地址,指定限于(例如:"+host教育")或排除(例如:"-host教育)某类特定站点 |
| URL搜索 | url: | 在指定网页正文中搜索URL |
| | u: | 等同于"url" |
| | 其他 | 有些搜索引擎使用高级搜索网页中的菜单选项进行URL搜索 |
| 链接搜索 | link: | 搜索与指定页面或主机有链接的所有页面 |

5.高级搜索选项的使用

通常,只需在范围较广的查询中添加词语就可以缩小搜索范围。不过,baidu还提供了高级搜索页的使用,根据关键字、语言、文件格式、日期、字词位置和网域等条件,可以实现以下功能,更好地缩小搜索范围。

①将搜索范围限制在某个特定的网站中。

②排除某个特定网站的网页。

③将搜索限制于某种指定的语言。

④查找链接到某个指定网页的所有网页。

⑤查找与指定网页相关的网页。

图7-2是baidu的高级搜索页截图。其他搜索引擎的功能与其相似。

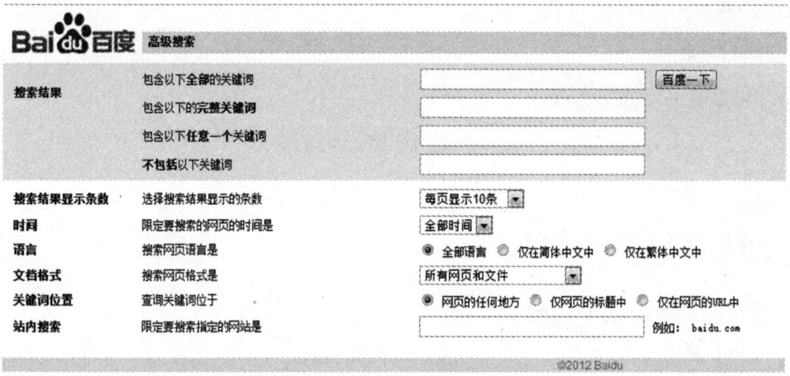

图 7-2 百度高级搜索页截图

（四）分类目标和网络资源指南检索

常用的目录搜索网站见表 7-4。

表 7-4 常用目录搜索网站

| | | |
|---|---|---|
| 英文网站 | Yahoo! | http://www.yahoo.com |
| | Magellan | http://Magellan.excite.com |
| | Yahooligans | http://www.yahooligans.com |
| | The Internet Public Library | http://www.ipl.org |
| 中文网站 | 雅虎中国 | http://cn.yahoo.com |
| | 搜狐 | http://www.sohu.com |
| | 常青藤 | http://www.tonghua.com.cn |
| | 网典 | http://wander.cis.com.cn |
| 教育网站 | 中华人民共和国教育部 | http://www.moe.edu.cn |
| | 惟存教育 | http://www.being.org.cn |

如何选择和使用目录：

①选择目录大类中的项目，然后一步步地缩小范围。

②用一个含义较广的关键词（如"新闻""台湾"等）查询，然后继续单击更详细的标题。

③如果一个目录不能给你合适的结果，可使用另一个目录，通常目录间会有比较大的差别。

（五）文本资源的获取方法

文本素材的主要来源有：

①键盘输入。

②扫描印刷品。

③从网络电子资源获取。

需要注意的是,在获取他人资源素材时,一定要遵守版权法的规定,尊重他人的知识产权。

(六)图像资源的获取方法

获取图像一般有以下途径:

①从素材光盘中寻找。

②从教学资源库中寻找,目前学校常用的教学资源库素材中,都能找到相当一部分与教学内容相关的图形图像素材。

③在网上查找。

④从电子书籍中获取。

⑤从画报、画册中后期扫描。

⑥从课件中抓取,可用 HySnapDX 或 SnagIt 等软件在现成的课件中抓取相应的图片。

⑦直接在相应的图像处理软件中创作自己想要的图形图像。

(七)视频资源的获取方法

视频的获取途径主要有以下几种方法。

①从资源库、电子书籍、课件中获取。资源库、电子书籍中的视频资料可直接调用,课件中的视频文件一般也放在 exe 文件之外,不会和 exe 文件打包在一起,可直接调用。

②从网上下载。有许多专门的软件用于流媒体搜索,搜索到需要的视频资源后可使用下载工具,如用迅雷下载下来。

③直接用数码摄像机拍摄。

④从录像片,VCD,DVD 片中获取。最方便的方法是用超级解霸进行截取,VCD,DVD 均可用超级解霸进行截取。

⑤录制视频屏幕。SnagIt 也可用于录制视频屏幕。通过 SnagIt 可以把屏幕上的一切动作抓取为 AVI 动画文件。这对于我们获取教学软件素材非常有用。

⑥自己使用工具制作。Premiere、绘声绘影等视频处理工具可帮助你方便快速地制作所需的视频资源。

(八)音频资源的获取方法

音频的获取途径,主要有以下几种方法。

①从专业的音效素材光盘或 MP3 素材光盘中获取背景音乐和效果音乐。

②在资源库中查找,很多教学资源库中都可找到小学、初中、高中语文课文中的大多数课文范读。

③在网上查找。

④从 CD,VCD 中获取,CD,VCD 可用超级解霸的音频播放器播放,然后压缩成 MP3 格式,再根据需要决定是否转成其他格式。

⑤从现有的录音带中获取,其方法是用音频线从录音机线路输出,再从声卡的线路输入口(或 MIC)输入,然后设置成线路输入(或 MIC)录音,最后打开附件中的录音机进行录音,再保存在相应位置。

⑥从课件中获取,大多数课件中的声音文件都存放在 WAV 文件夹中,从中可找到你需要的声音。

⑦进行原创。

## 三、创建"个人信息化教学资源中心"

广大的教育工作者普遍都面临着这样一个问题,面对海量的教育信息资源不能高效便捷地获取,并且转化为自身专业知识得以有效利用,所以导致在工作中和社会中接触到的知识过于分散且容易被忽视。因此,每一位从事教育工作的教师都需要对自己的信息化教学资源进行很好的管理,都应该学会创建属于自己的个人信息化教学资源中心。

### (一)建立资源库文件夹结构

钱包放在抽屉里,手机放在窗台上……每样东西有固定位置,物归其位,有条不紊,不需要找就知道在哪里了,所以个人信息化教学资源中心的结构是非常重要的,掌握好资源的位置才能更好地管理它们,首先在本地硬盘(如 E 盘)建立个人数字化教学资源库的文件夹,然后依次建立"课件""教案""试题""教育案例""课例""IE 收藏夹""教学管理""素材"等文件夹。根据需要继续在各文件夹下建立子文件夹,例如,在"素材"文件夹下建立"文本""图片""动画""音视频""其他素材"子文件夹。建立树形文件夹结构的目的是分门别类地存放通过各种途径获得的各种类型的数字化教学资源。这样建立起来的简易型资源库本身不提供查找和管理功能,但可以利用 Windows 资源管理器自带的搜索功能方便地查找库内资源,通过资源管理器的文件操作实现库内资源的管理。

但是,不可避免地,在电脑上保存下载文件,时间一长,文件的查找确实是个问题,可能会遇到一个拥有几百个甚至上千个文件的文件夹中找一两个文件的情况,比如,在众多 Word 中查找一份以前的文件,当然,在已事先知道文件名或部分文件名的情况下,用"Win + F"调出搜索界面可快速查找,但是如果只知道文档中的一些内容,这样就非常困难了。这时可安装"百度硬盘搜索"等相关软件,借助软件来查找文件,运行"百度硬盘搜索"程序,可见其界面与"百度"很相似,它的使用方法与百度网页搜索一样简单,只需要在搜索框内输入需要查询的内容,单击搜索框右侧的"硬盘搜索"按钮,就可快速得到符合条件的内容。这样无论文件保存到哪里,都可快速被找到。

### (二)填充个人资源库内容

#### 1.如何利用收藏夹和网络收藏夹

教师在网上查找信息时,当发现有价值的网站或网页时,最好把它"添加到收藏夹",这样下次浏览时就不必再次搜索,上网的效率就大大提高了。将网址收藏到收藏夹内,最好还是分类收藏,即把不同类型、性质的网址收藏在不同的文件夹里。由于不断保存网页,日久天长,可能每个文件夹里的网址巨量增长,为了方便调用和管理,建议利用"数字排序越小的越在前面"的原理,将经常访问的、重要的网址排在前面。如同在文件夹排列文档一样,网址前加上数字,如第一个网址前添上序号01,第二个网址前添上序号02 等,数字越小的就排在越前面,一打开收藏夹就能立即看到,且今后寻找网址也就更方便。将 IE 收藏夹(一般是 C:\ Documents and Settings\Administrator\ Favorites)复制到其他电脑的同一位置,就可用 IE 收藏夹打开这些资源。为了避免 IE 收藏夹里的网址因重装系统而丢失,一方面可将 IE 收藏夹拷贝到非系统盘备份,也可使用网络收藏夹整理相关网站、网络文献、资源和知识,网络收藏夹又称网络书签,是针对系统收藏夹的不便应运而生的链接存储工具。网络收藏夹里同样提供分类归档排序功能,比如有关"课件"的网站可以收录在"课件"文件夹中,有关"论文"的网站归类在"论文"文件夹,有关"教育门户"的网站存放在"教育"文件夹,等等。这样分门别类,从网络收藏夹里单击相关网站,进而查找相关资源就省事快捷多了。360 浏览器、115 网盘、QQ 书签等都提供了网络收藏夹的功能,值得推荐。网络收藏夹的优点是随时可通过任何一台接入网络的计算机便可轻松地提取网络收藏夹中的网络资源。

#### 2.如何利用搜索引擎进行资源收集

对于教师来说,创建个人信息化资源库在很大程度上是要对网上的资源进行搜集整理,所以掌握搜索引擎这一网络利器是教师的一个基本功。在网络中,各学科的各式各样的资源广泛分布,搜索引擎对于浩如烟海的网上信息和资源来说可谓引路航船。

搜索引擎所做的工作就是在浩瀚的网络汪洋中,把按用户的要求组织好的信息链接在最短时间内展示给搜索者。百度作为本土化的搜索引擎,在中文资源的搜索方面占据天时地利的优势,在搜索文档时,百度的"filetype:"语法是常用的,其作用是搜索网上以某种指定后缀结尾( 如 doc,xls,ppt,rtf 等)的文件,因此具有很高的实用价值。例如,想从网上下载一些 word 文件格式的申请书作为资料,可以输入检索串"filetype:doc 申请书"。"filetype:"和后缀名之间不能有空格,搜索结果页很快给出结果。由于搜索出的结果是 doc 文件,所以每一项前面都有蓝色的标明,单击一个标题的链接,将会弹出一个 doc 文件的下载提示框。要搜索其他格式为后缀的文档,方法大同小异。熟练地掌握"filetype:"语句,无疑使搜索引擎成为一个方便而强大的文件下载工具。假如读者对该语法感觉麻烦,也可在 IE 地址栏上直接输入"http://file.baidu.com"打开百度文档搜索页面,或者在 IE 地址栏上先输入"http://www.baidu.com",再单击下面的"更多"按钮,随即在"搜索与导航"下找到"文档搜索"链接。搜索音乐、图片、视频与之完全类似,都是单击相应的链接,进入对应的搜索页面。

很多教师对搜索引擎的使用只限于"百度",结果使搜索引擎的能力远远没有发挥起来。比如,要查找英文论文或资料,就应该首先考虑到 Google 而不是百度,一些在百度里搜索不到的英文资源信息在 Google 里可能就能找到。再比如要查找一些特殊资料,比如 flash、视频之类的资料,最好到专门的搜索引擎上(之前提到的一些专业素材门户网站)进行查找,或许会有更多的惊喜。每种不同的搜索引擎都有自己的信息采集原则,一次具体的搜索应该使用哪一种搜索引擎要根据搜索内容而定,经常使用多个不同的搜索引擎,才能在搜索中更为游刃有余。假如有读者感到在不同的搜索引擎里来回穿梭不太方便,建议试试 www.jqonline.com 网站。www.jqonline.com 网站是一个集成多个搜索引擎的网站,它整合了百度、Google、易搜、Live、搜狗、搜搜、有道、中搜等常见的搜索引擎。只要输入搜索内容,然后单击不同的引擎,就可在同一个页面中快速查找到不同引擎的搜索结果。

3. 如何搜集网页中的视频和动画

网页中的视频和动画的收集中往往要比文本、图片之类的复杂一些,当在网页上看到心仪的视频和动画时,如何将它快速地下载保存下来呢?下面将介绍一下基本的方法。

对于视频,由于当前网络视频文件的主流格式是 FLV 格式,所以一般采用解析下载地址的办法,如 http://www.flvcd.com/,复制视频所在页面的地址(浏览器地址栏),输入到"获取地址框"并单击获取。也可安装专门的软件,如维棠 FLV、唯影视频下载器等进行下载。网页中的绝大部分视频都可通过以上方法获得。值得一提的是,有少数网页中的视频地址无法解析,这主要是因为网站做了防盗链处理,生成了动态的资源 URL,原来的 URL 已经失效,所以出现无法下载的情况。对于这类特殊问题,就要特殊对待,破解此类疑难往往需要长时间摸索,所以不建议读者去尝试,且由于现在的技术发展更新极快,即使现在一时破解成功但隔一段时间可能发现原来的"秘笈"已然失效,所以没有一劳永逸的方式,还是使用一些录屏软件将视频录制下来较为保险和妥当,且这样做一点也不麻烦和困难。至于网页中的 Flash 动画,可采用 IE 缓存搜索的办法,但是用一些专业的软件直接采集会更加高效,如网页 Flash 抓取器、Flashsaver 等。网络上的精彩资源如恒河沙数,在获取这些资源时,能不能仅凭一个软件之力,就吃遍网页中的所有资源呢?可喜的是,酷抓这款软件能够做到,其抓取能力表现不凡,值得推荐。

4.如何搜集其他形式的多媒体信息素材

除了主要从网上找之外,数字化信息素材的收集还有其他众多的来源和渠道。如照相机采集,在书店和图书馆经常看到读者偷拍就是这种情况。由于是近距离拍摄,所以必须采用"近拍模式"对焦,才能让文字或图像清楚显现。具体拍摄时,相机与被摄文件注意"平行",被摄文件要尽量平放。再比如扫描 OCR,像有些内容,报纸、书籍里独有而网络上偏偏没有的,还只能使用 OCR 技术才可让其电子化。Office 2003/2007 中直接集成了对扫描仪的支持,而且还能够支持其功能,从而大大减轻了工作的负担。

关于图像,除了拍照扫描仪采集之外,常见的采集方法就是"截图",按键盘上的"Print Screen"键有点老"土"了,在灵活性便利性上显然不如一些专业的屏幕截取工具,例如老牌的 Hypersnap。对于现成的 swf 动画,利用著名的"闪客精灵"软件,可把 swf 文件中的图片、声音,甚至里面的"Action Script"还原出来,因此它对丰富素材库是很有帮助的。

# 第二节　虚拟教研

随着基础教育课程改革的全面推进和进一步实施,对教师提出了更高的要求,在现代社会中,教师已经不仅仅是传统角色中的知识传授者、道德示范者,更多的是向研究型教师这样的角色发展,教师的专业发展问题值得广大的教育工作者深思。教研活动,是教师围绕学校日常的教育工作展开的一种交流和学习活动,怎样提高教研活动的质量,对于教师的发展有着不容忽视的作用,传统的教研活动已经满足不了大多数教师的需要,所以在网络的推动下,随着教育信息化的发展,校园网络的普及,一种依托网络平台进行的教研活动的新方式—虚拟教研应运而生,它充分利用网上的资源,有效实现了专家与教师、教师与教师之间的交流、互动、研讨和学习。这节主要阐述了虚拟教研的定义和特点、常见的模式和如何有效实施虚拟教研的策略等内容。

## 一、认识虚拟教研

### (一)虚拟教研的定义

虚拟教研,也称为网络教研。是有志于从事教育教学研究的教师,为了改进自己的教育教学、提高个人的教育教学质量,依托网络特有的功能和资源优势,利用信息技术,通过各种网络工具,进行教学反思,并与其他教师在网上展开教育教学交流、研讨等教育教学研究的认识活动和实践活动。

（二）虚拟教研的特点

虚拟教研的教研方式是传统教研模式在时空上的创新,因此具有以下这些特征。

1.研讨跨时空,机动灵活

网络技术使教学研讨可以在任何时间和地点进行,不受时空限制;教师可以根据自己的需求、习惯和爱好,合理安排自己的活动,适时参与某一内容的研讨,通过网络与一起研修的其他教师进行灵活交流,及时解决教学中遇到的问题。

2.教研形式时尚

虚拟教研的开展,主要受益于网络技术的迅猛发展;网络技术为虚拟教研成为现代教研的时尚方式提供可能;虚拟教研热为基础教育的校本研究开启了一扇新的大门,这种方式让教师们呼吸到自由、清新的空气,为基础教育草根研究的持续性插上了腾飞的翅膀。

3.呈现去行政化,多摒弃形式主义

传统教研有较多形式化的东西,不少条条框框的方面会对教师的专业发展起阻碍作用,而虚拟教研大多摒弃形式主义,主要是教师这个主体在网络中自觉参与的行为,远离教育行政的干预,讲究教研的实效性,对学校或区域的教学研究起着明显的促进作用。

4.突破地域限制,体现不同地域文化和教师群体间的互补性

不同区域的网络教师,在认识教育教学时,是有经济和文化背景差异的,通过网络研讨,不同文化差异下的网络教师在相互交流的思维火花中,可产生强烈的沟通与互补。

## 二、虚拟教研的常见模式

（一）基于 QQ 群的虚拟备课模式

QQ 群功能是腾讯公司推出的多人交流的服务。群主在创建群以后,可邀请朋友或者有共同兴趣爱好的人到一个群里面聊天。在群内除了聊天,腾讯还提供了群内讨论组、群留言板、群相册、群共享、群名片、群邮件、群公告、群内多人语音聊天、群内网络电视、群组成员列表、群发手机短信、群聊天记录等功能,为用户提供多种交流方式。教师在进行虚拟教研时,可根据需要申请建立 QQ 群。在群主及管理员的管理下可加入 80～200 名 QQ 用户,一个 QQ 群在加入教师后形成一个虚拟的教研团队,在线教师可在群内通过文字、图片、网络链接等多种形式与大家沟通

交流。

利用这些功能,教师可以通过网络实现在线集体备课,其基本方式是:由一名备课的发起教师在群里提前做好集体备课的通知,在约定的时间由备课的参与者在群里集体备课,其主要讨论内容可是关于一节课的教学思路、教学方法、重点、难点的突破。各个在线教师可以发表自己不同的思路和想法,这种思想的共享、灵感火花的撞击,使得一节的教学设计变得新颖和不同凡响。在这样的备课中,教师更多关注教研本身,更多关注教学问题的解决、教学与生活的结合、教学情境的创设,等等,很大程度地避免了真实教研中因复杂微妙的人际关系而对教研效果产生的不可忽视的影响,教师有了互相切磋教学问题的伙伴,教师之间可分享备课资料和课堂教学技巧,可共同分析教学情况,共同磋商教学改进策略,以加强教师对自我教学的关注和改进,同时也可学习同伴的教学经验。所以这样的备课方式更具有教研的实效性。

### (二)基于新浪 UC 房间的虚拟听课、评课模式及教学研究模式

公开课展示,也是学校内部或学校之间教师同伴互助的常见形式,是教师和专家之间的听课和交流方式。它使教师有互相交流与学习的机会,有助于教师深入研究教学和学生,提高教育质量。在新浪 UC 房间里听课、评课,在博客群里写评价意见、教学反思、心得体会。在"空中课堂、教师之家房间、沁馨课堂、语文天地、易满分家长会、真心教育房间"等新浪 UC 房间里,教师可随时听课,参与评课,及时地进行交流。新浪 UC 房间公开教学是日常课堂教学的全面开放,教师在同事和陌生人面前上公开课,每个教师都有观摩别人的机会。观摩绝不仅仅是观课、听课,还要"磨课":或者集体备课,一人执教,共同观摩;或者集中听课,教者说课,共同评课;或者一课几议几上;或者一课几人同上,等等。提高新浪 UC 房间公开课教学的质量,要注意主题内容的规划、课例的呈现、研讨诠释以及行动的及时跟进等若干个环节。新浪 UC 房间公开课是一种新机制,它促进教师敞开视野,并改进自己的教学。

### (三)教师远程网络研修模式

远程网络研修,顾名思义,就是借助网络从事研修活动。有组织、有计划、有目的远程网络研修是一种省钱、省时、省力的现代化培训方式,因为研修中有专家的引领,有完成作业后的喜悦,有平台中的交流,有思想的碰撞。与以前的研修模式相比,网络研修是一个明显地跨越,有着鲜明的时代特征和不可替代的作用。例如,在中国教师研修网上研修,是集网上培训与网上教研于一体的教师专业发展平台。中国教师研修网充分应用了 Web 2.0 的技术,实现了全民织网、信息消费和信息生产统一、信息聚合、Blog、RSS、Wiki、Podcasting、SNS 等功能;提供了信息化知识管理——个人图书馆、资料室,网络办公平台——网络办公桌,专业组织——专业

性社团、团队,专业信息通信——工作室、TQ,以及应用这一平台进行日常教学、学生信息素质培养、自主协作学习培养、教学评价、教学科研等网络活动,是教师专业发展、课堂教学改革的理想平台。教师除了利用各类资讯和丰富的教学研修资源之外,还可开拓一个自我学习、自我完善的空间。它提供的服务有:创建和管理个人工作室、进行小组交流研讨、与社区的工作伙伴分享资源、观看教学视频案例、进入互动网络课堂、共建共享内容全面又实用的百科全书、使用量身定做的即时通信工具。

### (四)BBS 论坛模式

论坛是不同观点自由表达的地方。每个网站一般都有自己的论坛,根据网站定位和内容侧重的不同,教师可选择自己感兴趣的论坛。论坛一般需要注册后才可进行发言。在论坛上发言叫发帖,也称"灌水",因为论坛的开放性,会在短时间内收到大量不同观点的帖子或教师可对自己感兴趣的帖子发表不同意见。如今,论坛已经成为现代社会人们交往与发表个人观点和主张的地方。它比杂志、报纸等来得迅速,也使教师更容易和大家展开交流,还有结交天下朋友。

每位教师都是一本书,书里记载他的实践心得,积累着他的智慧之光。教师主要讲述教育故事、教书育人的经验、课改科研的成果、教育理论的心得体会以及学科领域的前沿知识等。

一般有以下几种:

第一种是专题讨论(辩论、质疑、答疑)。专题讨论是大家在一起围绕某个问题畅所欲言,提出各自的意见和看法。例如,如何提高课堂教学效率。

第二种是随机跟帖讨论。就是教师不发表自己的意见,只是了解讨论区的内容,借鉴大家的观点,跟帖支持。

第三种是浏览讨论区。教师不发帖,只是浏览、了解讨论的观点,只做读者。

### (五)基于博客的教育叙事研究模式

教育叙事研究是指以叙事的方式开展的教育研究。它是研究者(主要是教师)通过对有意义的校园生活、教育教学事件、教育教学实践经验的描述与分析,从而发掘或揭示内隐于这些生活、事件、经验和行为背后的教育思想、教育理论和教育信念,从而发现教育的本质、规律和价值意义。

简单地说,博客说的是习惯于在网上写日记的这类人,是网络时代的个人"读者文摘",是以超级链接为武器的网络日记,代表着新的生活方式和新的工作方式,更代表着新的学习方式。

由于博客的内容通常是公开的,教师可发表自己的网络日记,也可阅读别人的网络日记,具有知识性、自主性、共享性等基本特征,因此,博客叙事研究逐渐成为教师开展叙事的一个新兴手段。作为小学教师将自己的日常教学、班主任工作经历写到博客上,分享给同伴和其他人,通过阅读他人的评价,进行工作反思,得出一定的经验教训,改进自己的教学工作,这是常规教研无法即时做到的。

（六）基于好看簿的网络教研模式

好看簿是一个图片博客,与所有网志(博客)工具一样,好看簿也是为用户自己书写表达提供空间和交流平台的。教师可在好看簿上进行很多种形式的行为,比如说在好看簿上写自己的教育故事、应用教程,分享生活的点点滴滴、自己的所见所闻;写日记、教学反思,写班级的工作记录,评论他人的日记;联系好看簿其他用户,分享他人日记所体现的内容;发起各种教学活动和参与教学活动,让自己的故事参与更多的活动,让更多的人理解这些故事,分享这些成果;建立学科小组和参与学科小组,建立自己的教研团队、自己的班集体,让每个人都参与进来,共同提高等行为。

例如:李明山在好看簿上设计了"了解张掖湿地"的活动课程,如图7-3所示,邀请了北京师范大学的庄秀丽博士做指导,开展了系列活动。设计了主题班会——家乡的春天。设计了学生成长记录——一年级作业展品。设计了六年级微机综合活动——秀秀我的思维导图。与深圳的小学教师(他们博客家园里的教师)建立基于好看簿的虚拟教研组,发起了一年级写话作业设计。

李明山老师的课题团队一般以GoogleGmail邮箱注册好看簿,当有人对故事、日志留言时,就有一份邮件发到邮箱,同时在GoogleTalk有即时的提醒语言,这是好看簿的一个亮点。

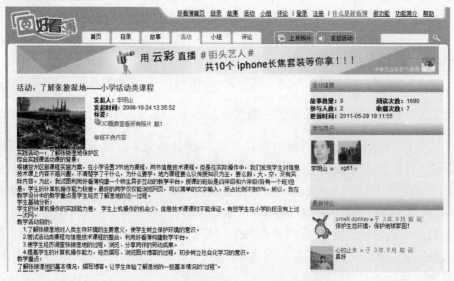

图7-3　"了解张掖湿地"好看簿活动截图

### （七）虚拟教研的 Wiki 模式

在维客 Wiki 页面上，每个教师都可浏览、创建、更改文本，系统可对不同版本的内容进行有效控制管理，将所有的修改记录都保存下来，不仅可事后查验，也能追踪、恢复至本来面目。但中小学教师应用 Wiki 开展教学的案例很少。

### （八）Google 论坛模式

利用 Google 建立了虚拟教研论坛，当成员在论坛发言时，会有一封邮件发到其他成员的邮箱。Google 论坛与 BBS 不同，全免费注册，在论坛里发言，以邮件列表的形式通知用户，用户也可利用 Google 邮箱以邮件的形式发表评论。

## 三、虚拟教研有效实施的策略

虚拟教研是教育教学在新形势下探索教研模式的一种尝试，也是常规教研的一种延伸，它并不否定其他形式教研的作用，而是从教育信息化的角度上探索新型教研方式，挖掘其内在的教研资源，扩大教育教研的职能。一方面，虚拟教研所关注的主要问题是一线教师对教学过程中真实发生的教学事件的思考，与常规教研一样属于实践研究的范畴；另一方面，虚拟教研将会把教师带入一个比常规教研更加开放的研究平台，为了避免脱离实际教学工作，需要利用常规教研形式培养教师的教学反思与教研合作意识，需要教师利用行动研究使网络教研的成果付诸实践。因此，网络教研的实施是否有效，并不在于网络这个形式，其是否对教师专业发展和教学实践产生实际效益才是关键所在。

同时，正如我们所知道的，网络教研需要大量的人力、物力的投入，如资源网站的建设、一线教师的信息技术能力培训等，为了使有限的教育投入产生相应的效益，有以下几个方面的工作需要关注。

### （一）实施前提：网上教研资源的构建

对网上教研资源采取自建与借鉴相结合的筹备方式是一种比较高效的做法。

如果需要自建虚拟教研平台，那么，在创建之初就必须以教师专业发展不同取向的需求作为网站规划的定位。同时，由于教师专业发展呈现阶段性的特征，不同阶段教师会在不同取向之间作出最适合自己的选择。因此，面向教研的网站平台在整体内容与功能的设计上应体现层次性和半结构性。

所谓层次性，是指网站在内容上适应教师专业发展不同取向的特殊需要。理智型取向的教师比较希望网站能够提供足够的教研资源，"实践—反思"取向的教师比较希望网站能给自己一个私人化的空间，而生态取向的教师则更加注重网站交互功能的完善。

所谓半结构性,是指为适应不断变化的用户需求,网站除了在建设之初设定栏目板块以外,还需要在日常运作过程中及时捕捉用户关注的焦点问题,以补充和调整栏目设置,使网站真正成为教师的"交流渠道"而不仅仅是政策法规的"知会渠道"。例如海南"成长博客"中,从 2005 年 12 月到 2006 年 6 月间出现了大量的教育案例——"由教师发起的一起师生冲突:那本撕烂的书啊!""中小学师生冲突有何价值""一次师生冲突的冷静处理"等。为了把这些散在网站各处的案例集中起来,便于阅读和讨论,来自华东师范大学的林存华博士设置了"'师生冲突'专题",引导教师从理论、文化的视角对师生冲突这一现象作深入的剖析。在问题的讨论过程中,从实际问题出发,引发"实践—反思"取向的教师对新型师生关系的思考,引导生态取向的教师学会利用网络中的人力资源,学会在合作中解决问题的方法。

虽然自建教研平台在针对性和规范性上有绝对的优势,但是对已有教育教学平台的有效利用无论从效益上还是丰富性上都十分必要。如美国"Challenge Country"网站提供的"Professional Development/Learning Online",为用户提供了相当数量的资源入口,并对其作了分类:大学或其他机构提供的在线课程和教师专业发展资源,并为每一个资源的链接附加了简介。普通学校和地方教育机构没有必要做资源的重复建设,对这些网络资源作出符合自身需要的筛选和使用,可降低网站管理者的工作强度,也为理智型取向的教师提供了丰富而有效的信息资源。

但是,仅仅是资源共享还不能称其为虚拟教研,虚拟教研的实施必须伴随着教师之间信息交流行为的发生。采取一定的措施促使虚拟教研同教学实践问题紧密结合,实现教研方式的平稳过渡,是这一信息化教研方式有效开展所需的基本工作。

(二)过渡工作:常规教研活动的网络化实施

为了帮助教师在融入虚拟教研获得更高水平的专业发展的同时,又能解决教学中的实际问题,需要处理好常规教研与虚拟教研的衔接问题。

常规教研的网络化实施赋予虚拟教研以实践的内容,扩大了常规教研的积极效应。例如常规课堂研训活动,主要是通过校内公开课、地区公开课等形式开展的,在一定范围内促进了某个学校或地区的教学水平的提高。但是其中优秀的教学实例仅仅在几个小时之内就画上"句号",评课教师们的金玉良言仅仅在几十个人之间产生影响,这显然不是课堂研训所能达到的教研效益的最上限。为解决这个问题,海口第二十六小学在校长余志君的带动下,于 2006 年 5 月 22 日 14:40~17:40,举行了一次别开生面的在线课堂研训活动。第一节课,是唐文婕老师执教的语文阅读课(二年级),同时也是其研究课题"加强课外阅读指导,提高学生阅读能力行动研究"中的内容。第二节课,是冯伟老师执教的美术剪纸课(五年级),同时也是其研究课题"小学美术教学高年级的小组合作式学习"中的内容。两节课结束之后,现场的专家和教师进行了座谈。整个课堂教学过程和课后研讨活动以文字和图片的形式在余校长个人博客"南海有鱼"上同步播报,场外的教师也积极参加了在线交流。海南省教育培训研究院周积昀副院长率省特级教师工作团作了现场指导,《明日教育论坛》执行主编张文质教授,以及海南各地的教师都在网上进行了在线交流,发表评论近 200 条。

可见,在常规教研活动的网络化实施过程中,参加人员更加多元化,他们来自教育教学工作的各个层次,既有专业研究人员也有一线教师,既有刚入职的新教师也有经验丰富的特级教师,扩大了常规教研的影响范围,有利于生态取向的教师群体研究水平的提高。该网络记录了整个活动的过程,便于一线教师通过参考和借鉴,实现"实践—反思"的专业发展方式。

(三)保障措施:地域性学校教研与开放性网络教研之间的协调

教师独特的教学经验和充满地域特色的校本资源对于新课程的实施和教师教研素养的提高有着十分重要的作用。如果虚拟教研中不能体现地域性教研特色,那么教师将不能获得有针对意义的帮助;如果地域性的教研活动不能融入虚拟教研开放共享、合作交流的文化精神,那只能故步自封。

海南省农垦直属第一小学的做法是,将教师个人的阶段性总结、自我培训计划、评课记录、教学案例等材料放入学校文件服务器上的教师业务成长档案袋中,供校内交流;将"成长博客"作为教师与外界交流的一个途径,组建博客群组,开阔教师研究视野;校长邢益宝担负起行政管理和教研疏通、引导的责任。2005 年 6月,邢校长将几位老师的课题研究资料发布到个人博客,以其个人的感召力宣传学校,宣传教师,并使年轻教师获得更多的帮助。同时,其学校网站主页面上设置了文件服务器、校内/外用户登录、"成长博客"的资源入口,这样,既保证了学校教学研究的独特性,又为校内外优秀教学、教研经验的交流打开了一个通道。理智型取向的教师通过网络交流所获得的"专业知识"就不再是广义上的教育教学的专业知识,而是其切实所需的、与其研究课题密切相关的专题资料。

(四)组织方法:创建教师网络社群

当教师突破学校的围墙加入到虚拟教研的大家庭中时,容易因为网络虚拟环境的陌生与较为绝对的平等而迷失自我,需要教育行政部门或学校管理者予以及时的关注和鼓励。为解决管理者与教师人数比例上的悬殊,组建教师社群,作为教师文化形成的基本单元,是一种有效的方式。一个教师社群的活跃程度与其负责人的影响力和组织能力的大小是分不开的,因此负责人的选择是非常关键的。一般情况下,可由有一定影响力的优秀教师或教育行政部门直接介入,以他们的教学经验、号召力和组织能力分工负责各社群的日常教学研讨活动。教研社群的创建与合作关系的形成,既调动了不同层次的教师的积极性,又使教育理论研究人员找到了"用武之地",真正体现"合作"的意义;网络社群内部知识能力结构分层互补,有助于打破教师相对保守的职业习惯,有助于避免专业引领的缺失而造成的教研层次无法深入的现象。

如"成长博客"的"通用技术群组",为解决与新课程教学同步的教学资源和研究资源缺乏的问题,采取了在"同步教学"板块,超前实际教学进度两周提供教学资源的做法,引领通用技术任课教师完成教学任务,满足了理智型取向教师完成教学任务的最低要求,通过"每月话题"讨论的组织,帮组"实践—反思"取向的教师在"根据话题发布个人教学案例—参与案例讨论—课堂实践检验—改进教学过程"这一流程中反思成长;海南省教育培训研究院与国家技术课程标准研制组组长、南京师范大学教育科学学院顾建军教授的参与和技术网站的充分利用,使全体通用技术教师可在专家引领下获得高水平的生态取向的群体专业发展。

## 四、虚拟教研的个案——星星数学教师虚拟教研团队

### (一)星星数学教师虚拟教研团队简介

在诸多的虚拟教研团队中,"星星数学教师虚拟教研团队"吸引、吸收了大量的一线数学教师和教育专家,是当前较为成熟的一个中小学数学教师虚拟教研团队。

"星星数学教师虚拟教研团队"是由河南省新密市教师进修学校的数学特级教师丁春荣在网络上创办的一个数学教师虚拟教研团队。由于丁老师的网名叫"星星",个人博客名为"星星数学教育乐园",参加虚拟教研的大多为一线数学教师,故称这个团队为"星星数学教师虚拟教研团队",以下简称"星星团队"。

### (二)星星数学教师虚拟教研团队的建成和发展

丁老师在全国教师教育网络联盟计划网站"全国中小学教师继续教育网"上注册了自己的教师博客,由于所发的许多博客日志内容与当前的中小学数学教育教学联系紧密,有相当的理论性、实用性、指导性,引起了许多教师的关注。为了聚合更多的数学教师、更多的教育智慧,丁老师和其他一些教师申请了QQ群,加入了许多来自全国各地的数学一线教师和教育专家,形成了一个教育虚拟社区。他们进行虚拟教研所采用的工具包括 E-mail、BBS、博客、QQ(包括 QQ 群)、新浪 UC房间、专用教师虚拟教研软件"教师聊聊 TQ"等。

星星团队吸引了来自全国各地如河南、北京、上海、四川、吉林、江苏、甘肃、新疆、辽宁、江西等省的从小学到高中甚至大学的数学教师,形成了一个聚合全国各地从小学到高中甚至大学数百名数学教师及教育专家组成的虚拟教研团队。他们中有普通教师,也有高级教师和特级教师,还包括一些全国知名的数学教育专家,

如上海嘉定区教师进修学院的特级教师孙琪斌老师,北京市海淀区中关村第四小学校长、特级教师刘可钦,成都大学师范学院副教授陈大伟等。截止到 2009 年,团队拥有小学数学教师 300 人左右,初中数学教师 200 人左右,高中数学教师 80 人左右,QQ 群 11 个,新浪 UC 房间 3 个,数学教师博客上千个,数学教师博客群组 12 个,BBS 论坛 3 个。参加教研活动的教师每日普遍在百人以上,最多时达到上千人,形成了具有一定规模的教育虚拟社区,成为数学教师虚拟教研的平台。

（三）星星数学教师虚拟教研团队的教研方式

星星团队虚拟教研的活动内容包括研讨解决中小学数学问题,网上集体备课、说课、评课,探讨教育中的实际问题如学生的教育、班主任工作的开展、学困生的转化,等等。

教研的方式分一般研讨和专题教研。参加教研的教师都注册有自己的博客。注册博客的平台主要选择在"全国中小学教师继续教育网博客"( http://blog. teacher. com. cn)和"新思考网成长博客"( http://blog. cersp. com),如图 7-4 和图 7-5 所示。这两个博客平台均属于 2003 年启动的教育部"全国教师教育网络联盟计划"网站。网站的功能强大、网速快、专业性强,注册教师会员人数众多、教育信息内容丰富,且有国家的政策支持。博客的零技术特性使教师使用博客很方便,教师撰写博客日志,写网络教育叙事,相互评论、留言、回复和友情链接。

团队利用 BBS 论坛发布教研信息,以 QQ 群为教研话题征集、在线研讨和集体备课工具,应用新浪 UC 房间的音频和视频功能播放优秀教师数学教学片断并进行在线评课、说课。

图 7-4　全国中小学教师继续教育网主界面

图 7-5　新思考网主界面

**（四）星星数学教师虚拟教研团队的具体教研活动**

　　星星团队从无意识的、自发的组织到发展成熟并拥有相对稳定的参与教师经历了一年多时间，许多数学教师都经历了一个对虚拟教研由陌生到熟悉直至兴趣浓厚的发展过程。每天团队 QQ 群中一般保持 100 人以上的在线记录，晚上和周末参与者更多。教研活动除了平时无意识地一般研讨教育问题外，组织专门话题的数学教育教学研讨是教研活动的主流方式。以下是 2007 年 7 月以来星星团队举行的部分教研活动：2007 年 7 月 12 日，由刘可钦以及其他 68 人在线研讨"小学数学常态课教学"；2007 年 9 月 16 日，由吴正宪、慈艳等专家以及 160 名老师参与讨论"'应用题'的教学及学生解决问题能力的培养"；2007 年 9 月 19 日，陈大伟副教授与 200 名老师一起利用新浪 UC cersp 房间（新浪 UC"cersp 在线研讨"房间，是教育部"cersp 项目"的一个平台。它与新思考中国教育资源平台论坛及中国课程网形成网络教研链）进行"小数在线"主题的观课议课；2007 年 12 月 5 日—20日，由李铁安等 120 余位教师参加讨论了"我们的课堂教学中如何体现数学文化？"；2008 年 3 月 13 日晚 8 点，在新浪"基础教育教材网"UC 房间进行了名师视频课赏析"华应龙、张齐华《圆的认识》"，有 65 人参与并进行了讨论。如图 7-6和图 7-7 所示。

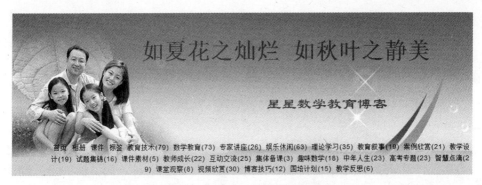

图 7-6 星星教学教育博客截图

图 7-7 新浪 UC 房间页面截图

# 第三节 网络学习社区

伴随着教育信息化的持续性推进,教师面临着信息化所带来的挑战,在信息化网络环境中,教师如何利用先进的信息技术手段实现自我专业成长是一个热点的问题,一些传统的教师培训途径存在着许多局限性,已经不能满足信息化发展的需要,网络学习社区整合了教师教育与信息技术这两个方面的内容,是教师提升自身素质、提高自身专业能力的重要场所。本节将带领大家认识网络学习社区,告诉大家如何合理利用网络学习社区为自己的专业能力发展提供参考。

## 一、认识网络学习社区

学习社区(Learning Community),也称"学习共同体",是指那些以学习目的的为出发点的公共社区组织。信息时代的"数字社区",具有交往范围无限扩展、关系松散、功能强大便捷的特点。

网络学习社区是基于网络下的学习共同体,是一种借助网络而生存的学习型组织,网络环境下的学习共同体成员之间经常借助网络在学习过程中进行沟通、交流,分享各种学习资源,共同完成一定的学习任务,从而会形成一种相互影响、相互促进的稳定的人际关系。

网络以其跨时空的超越性创造了一个生态式的学习环境,为学习者提供了更为自由的开放环境,网络学习社区是在这种环境上的由各种不同类型的学习者及其助学者(包括教师、专家、辅导者等)共同构成的一个交互的、协作的学习团体,其成员之间以网络和通信工具,经常在学习过程中进行沟通、交流,达到获取知识、共同完成一定的学习任务,并形成相互影响、相互促进的人际联系。网络学习社区的每个成员有共同的利益,每一个人都有参与创建和维护社区的权力和责任,他们在社区内通过共享信息、资源和彼此的思想、观点、创意、劳动和经历来促进自身的学习和发展。

教师以提升专业素养为目标并依赖互联网而建立起来的学习群体,称为教师网络学习社区。将教师专业发展与网络学习社区相结合,在这种网络学习社区环境中,教师可获取学习资源,对自己的学习进行管理,同时可与其他助学者、参与者组成虚拟学习群体,围绕共同的主题展开交互学习,从而促进社区内的学术交往、情感交流、知识建构与集体智慧的全面发展。

## 二、网络学习社区的组织形式

### (一)自组织理论

"自组织"(Self-Organization)作为一个哲学上的概念抽象,最早由德国哲学家康德提出。上个世纪,随着耗散结构理论和协同学的创立和发展,现代意义上的自组织概念开始产生。协同学的创始人哈肯(H. Haken, 1976)所给出的定义是目前获得公认的一个定义:"如果一个体系在获得空间的、时间的或功能的结构过程中,没有外界的特定干涉,我们便说该体系是自组织的。"相应地,如果一个体系在外部指令的控制下组织、演化,则该体系是被组织的。

### (二)自组织网络学习社区和被组织网络学习社区

按照以上"自组织"的定义,可以把网络学习社区分为两种类型。假如一个网络学习社区的学习活动基本不受外界干预,且经过一段时间的发展后具备了比较稳定的结构和学习功能,则其是自组织的。反之,假如一个网络学习社区的学习活动受到较强的外部干预和组织,称其是被组织的。

当然,并不存在纯粹意义上的自组织学习社区或被组织学习社区,网络学习社区不可能完全没有外部干涉,同时也不可能完全受外部控制,因而这里所讨论的是近似意义上的自组织和被组织。

1. 被组织网络学习社区的形式

被组织网络学习社区是在外力作用之下建立及发展起来的网络学习社区,比如官方的网络学习社区,更多的是在单位内部,由领导指示而建立和运行的网络学习社区,其主要形式有两种:

(1)远程网络学习形式。远程网络学习形式是指借助 Internet 建立跨区域(广域的)的教师教育专业网络,为全国教师或几个省市的教师教育服务的组织形式。由行政力量推动的远程网络学习,其规模有大有小。大型的可是教育部直接委托有关从事教师教育网络机构承担的,也可由几个省、市联合委托教师教育网络机构的;中等规模的为一个省、几个县、几所学校联合组织的教师网络学习社区活动。

远程网络学习一般与项目相联系,面向的对象是全体中小学教师。如教育部2007 年暑期委托全国中小学教师继续教育网 (www. teacher. com. cn)开展"西部农村教师远程培训计划",就是属于大型的远程网络学习形式。而受哈尔滨市教育局委托,由中国教师研修网 (www. teacherclub. com. cn)承办的哈尔滨市 2007 年度普通高中新课程通识远程培训,是属于中等规模的教师网络学习社区形式。

(2)校园网网络学习。校园网网络学习是指由学校组织教师在线学习,是中小学校校本培训的新形式。组织教师开展校园网网络学习,基本形式可归纳为教科研主导式和自学辅导式。教科研主导式是以教师任职学校为基地,以提高教师教育科研意识去带动全面素质提升的网络学习模式。自学辅导式是在专家的引领下,由学校领导主持,教师根据各自的发展需求进行网络学习的形式。

无论是远程网络学习形式还是校园网网络学习形式,作为被组织的教师参与的网络学习社区,其驱动力主要依靠行政驱动、专业驱动和教学驱动等外力。

2. 自组织网络学习社区的形式

自组织网络学习社区是指由意见领袖自发、自愿组织及带领成员,在一个共同目标的引导下,达到高度共识,通过相识、共事或协作,建立深度信任,建立亲密友情等的网络学习组织,其主要形式有以下几种:

(1)基于活动(项目)的社群。按照形成动力,可分为基于活动、项目、任务的社群。这种社群的成员聚集到一起,是因为某一项活动、项目或者任务,成员之间建立起基本的信任,以项目或活动为共同目标,按照活动或项目的发展,组织好成员之间的协作关系,从而让学习社区的活动或项目高效完成。

(2)基于网络学习平台的社群。不同的 Web 2.0 工具会形成不同的学习社区,比如在 Gmail 中的好友和在 QQ、好看簿中的朋友,会有很大的差别。对于个人来说,在 Gmail 中的好友和 QQ 中的好友是相差很大的两群朋友,有交叉但不完全相同。另外,Web 2.0 工具推荐,不断发展的社群,都可看做这样一类。

（3）成员高度相似性的社群。成员高度相似性是指比如来自于同一工作岗位的教师、同一兴趣爱好的人们，都可形成一个社群，同一专业的教师之间也可以建立起属于自己的社群，如中小学信息技术教师。

（4）同一地域的社群。地处同一地区的成员能够形成一个网络学习社区，可结合网上网下同时开展活动，成员之间既可有面对面的交流机会，也可以根据自己时间安排网上活动，个人参与社群的自由度和随意性将更高。有研究证明，线上线下活动同时开展，更能提高社群的稳定性，最典型的是一所学校中的同学、教师等。该方式容易使社区成员具有高度认同感，可以增加对社区的凝聚力和感召力，从而具有交互程度高的特性。社区内的交流主要为现实中的学习提供有利的补充和服务，也可开展探究式学习或协作式学习等多种方式。

（5）以课程教学为中心的社区。该方式社区中的成员往往具有共同的学习目标——学习某一门课程，因此会保持长久的交流。随着问题讨论的深入，成员间会自动形成学习讨论小组，具备开展协作式学习的良好条件。这种社区需要较多的技术支持，如学习资料库、快速查询检索工具，以及个性化的信息服务等。

除了以上几种分类外，还存在多种多样的网络学习社区分类，按照开放性不同，可分为开放式社群、半开放式社群和封闭式社群。开放式社群是指所有成员都可以自由参与，所有信息和知识向所有人公开、共享；半开放式社群是指需要有一定的条件，比如：懂得某方面的知识、有某方面的技能才能参与的社群，信息和社群活动部分对外开放，一部分保密；封闭式社群允许成员加入，条件非常高，最初由几名成员参与，社群活动不对外开放，完全保密。按照社群的人数多少，可分为大型社群、中型社群和小型社群。按照社群存在的时间长短不同，可分为长期社群和短期社群。按照社群成员之间交互联结和信任不同，可分为深度联结、中度联结和弱联结社群等。

# 三、网络学习社区案例

建设一个优质的网络学习社区，使学习者、课程、教师、教学管理者以及其他各类资源在这个环境下有机地连为一体，培养和提高中小学教师的信息技术能力与教学水平，有效地促进教师专业能力发展是很多专家学者一直在探索研究的课题。

"三人行－教师专业能力发展支持平台"，是一个用于支持教师培训与学习的网络学习社区。其主要功能是发布培训信息、提供培训相关资料、展示培训成果，并将其他不同的平台有机整合在一起。该平台划分了六个版块，分别是："理论基础""课程学习资源""成长反思""培训计划与总结""教学案例与论文"以及"项目相关"，并且将相应的资源发布在相对应的版块下。例如，在"成长反思"这个版块下有专人负责将教师博客内优秀的反思与心得体会汇总收集，并发布出来供所有人观看。教师的优秀教学案例与论文收集在"教学案例与论文"版块下，这样就使在网上学习社区内活跃教师的学习成果方便快捷地展示在每个人面前,且大大促进了参训教师参与学习的积极性与主动性,提升培训的效率与质量。

最吸引人注意的是它将其他四个平台整合在一起,即如图 7-8 所示的"网络课程"平台（Moodle）、"教师博客系统"（WordPress）和"教师论坛"（BBS）以及"专题学习网站生成系统"。它们相辅相成,为教师的专业化发展提供了丰富的网络化环境。以上几个模块有机的结合在一起,构成了一个以专业网站为平台、以网络课程为核心,以教师博客和教师论坛为支持的教师专业能力发展培训平台,平台的建立为参与项目的学校和教师提供了一个系统化、针对性、开放性、共享性与交互性的网络学习社区。

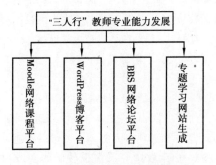

图 7-8  网络学习社区整体结构图

# 参考文献

［1］安宗灵,沈建国.中小学教师课件制作教程[M].北京:机械工业出版社,2012.

［2］欧训勇,等.Flash 动画与多媒体课件制作从入门到精通[M].北京:国防工业出版社,2009.

［3］张鄂永.思维导图的三招十八式[M].北京:电子工业出版社,2012.

［4］Tony Buzan. The Mind Map Book[M].丁大刚,张斌,译.北京:化学工业出版社,2011.

［5］胡小勇.概念图教学实训教程[M].南京:南京师范大学出版社,2008.

［6］张玲.教师信息化教学工具[M].陕西:陕西师范大学出版总社有限公司,2011.

［7］何克抗,中央电化教育馆.教育技术培训教程:教学人员·初级[M].北京:高等教育出版社,2005.

［8］汪基德.现代教育技术[M].北京:高等教育出版社,2011.

［9］教育职业技术教育中心研究所.学校信息化教学[M].北京:科学出版社,2006.

［10］王文霞.关于教师信息化教学资源观的研究[N].兰州:西北师范大学,2007.

［11］李明山,马秀梅,张兴志.小学教师开展虚拟教研的实践与探索[J].中国教育信息化,2010(2).

［12］李海.虚拟教研活动的个案研究及启示[J].中国电化教育,2009(1).

［13］周红,祝智庭.论网络化环境中教师素养的培养[J].中国电化教育,2000 (1).

［14］周元春.中小学教师虚拟教研活动的组织管理方式[J].教学管理,2006(22).

［15］刘博,赵建华.网络支持的小组协作学习应用研究[J].中国电化教育,2012(08).

［16］黄伟.教师网络学习社区的被组织和自组织[J].中国远程教育,2011(1).

［17］吴彤.自组织方法论研究纲[J].系统辩证学学报,2001(4).

［18］张新明.网络学习社区的概念演变及构建[J].比较教育研究,2003(5).

［19］樊敏生,闫英琪.建立优质网络学习社区促进教师专业能力发展[J].中国教育信息化,2009(06).

［20］吴长城,姜晓宇,谭良,等.网络学习社区知识管理实践模型及策略研究[J].中国电化教育,2011(11).

［21］闻曙明,王剑敏.隐性知识显性化问题初探[J].苏州大学学报:哲学社会科学版,2005(1).

［22］冯晓英.在线辅导的策略:辅导教师教学维度的能力[J].中国电化教育,2012(08).

［23］张东华.网络信息资源评价方法的研究[J].科技情报开发与经济,2007 (17-1).

［24］熊华军,闵璐.美国高校教师网络教学技能培训模式及其启示[J].中国电化教育,2012(08).

［25］胡根林.中美教师教育技术标准之比较[J].中国电化教育,2006(06).

［26］李志涛,李震英.新加坡教育信息化二期规划的主要内容及战略[J].中小学信息技术教育,2004(07).

［27］李淑英.信息技术与课程整合的教学评价[J].教育教学,2005(5).

[28] 张寅.美国PT3计划及对我国职前教师教育技术培训的启示[J].中国教师,2008(10).

[29] 郭拯危,汤赛丽,赵铁雄.多媒体教学资源管理系统的设计[J].湖北工学院学报,2004(12).

[30] 范峰南.积极改进高校教学资源管理[J].清华大学教育研究,1999(4).

[31] 高秀英.论信息化教学资源的开发建设[J].教育信息化,2006(9).

[32] 邱屯兵,肖兵.提升现代教育技术水平促进信息化教学发展[J].中国教育技术装备,2012(5).

[33] 王卫军.信息化教学能力:挑战信息化社会的教师[J].现代远程教育,2012(2).

[34] 胡晓玲.信息化教学有效性解读[J].中国电话教育,2012(5).

[35] 于海涛,安洪涛,王珺.面向教师专业发展的网络教研的有效实施策略研究[J].中国电化教育,2007(1).

[36] 王文君,王卫军.国际视野下的教师信息化教学能力趋向[J].电化教育研究,2012(6).

[37] 李中国.美国PT3项目特点与借鉴[J].中国远程教育,2007(02).

[38] 王晓平.英国教育信息化改革与研究的热点与趋势[J].基础教育参考,2008(08).

[39] 崔英玉,孙启林,董玉琦.韩国基础教育信息化最新进展述评[J].中国电化教育,2007(01).

[40] 罗继英.中小学教师综合考评指标体系的构建[J].教学与管理,2005(09).

[41] 刘儒德.对信息技术与课程整合问题的思考[J].教育研究,2004(02).

[42] 霍力岩.教育的转型与教师角色的转换[J].教育研究,2001(03).

[43] 李馨.信息化教学中学生全程评价体系的研究[J].电化教育研究,2008(3).

[44] 朴成日.韩国基础教育信息化述评[J].信息技术教育,2006(09).

[45] 郭绍青,金彦红.网络支持的教师校际协同教学研究[J].现代远程教育研究,2011(01).

[46] 王燕.基于认知发展理论的Flash教育游戏设计模型构建[J].中国电化教育,2012(08).

[47] 董江华,张睿锟.教师职业倦怠与职业幸福——对教师专业发展的再思考[J].继续教育研究,2007(04).

[48] 鲁媛媛.教学反思能有效促进教师专业发展[J].数学学习与研究,2010(09).

[49] 熊燕,王晓蓬.教师专业学习共同体的内涵及生成要素[J].当代教育科学,2010(03).

[50] 马秀峰,李晓飞.虚拟学习社区——教师专业发展的新平台[J].电化教育研究,2009(04).

[51] 王艳艳.虚拟学习共同体的深层对话设计[J].中国远程教育,2009(03).

[52] 袁磊,陈晓慧,张艳丽.微信支持下的混合式学习研究——以"摄影基本技术"课程为例[J].中国电化教育,2012(07).

[53] 卢转华.信息化教学评价工具分析与研究[J].内江科技,2001(4).

[54] 张喜艳,解月光,杜中全.信息技术促进教学创新研究[J].中国电化教育,2012(08).

[55] 朱丽娜,杜威,彭晗,等.基于教学过程支撑系统的教学信息化评价研究[J].计算机时代,2009(12).

[56] 刘禹,陈玲,余胜泉.西部农村中小学教师信息技术使用意向影响因素分析[J].中国电化教育,2012(08).

[57] 郭炯,郭绍青.西部农村中小学教育信息化发展中存在的问题及对策[J].现代远距离教育,2004(06).

[58] 李玉顺,胡景芳,刘宇光,等.区域级基础教育数字化资源共享与应用研究——以北京市的

个案调研分析与发展建议为例[J].中国电化教育,2012(08).

[59] 俞树煜.从单一媒体观到环境资源观:一个信息化教育隐含前提的变化[J].电化教育研究,2006(04).

[60] 钟志荣.基于 Web 2.0 环境的个性化学习模式建构与应用[J].中国电化教育,2012(08).

[61] 冯世基.教师专业发展网络学习社区初探[J].中小学电教,2011(16).

[62] 黄宇星.信息技术环境下教师角色与能力结构分析[J].福建师范大学学报:哲学社会科学版,2003(06).

参考网站:

[1] http://cs.gdteacher.com.cn/zjjyjs/cksc/index.html.

[2] http://www.haokanbu.com/user/83424.

[3] http://blog.cersp.com/18285/576931.aspx.

[4] http://220.174.208.69.

[5] http://www.techchallenge.org/PDevelopment/pd-online.htm.

[6] http://blog.cersp.com/16700.aspx.

[7] http://blog.cersp.com/16665.aspx.

[8] http://wiki.mbalib.com/wiki.

[9] http://www.kuqin.com.

[10] http://www.tpck.org.

# 后　记

　　基础教育信息化是在基础教育的各个领域广泛地利用信息技术,将信息作为基础教育系统的一种基本构成要素,促进基础教育现代化的构成。在《国家中长期教育改革和发展规划纲要(2010—2020)》中明确提出,要加快教育信息基础设施建设、加强优质教育资源开发与应用、构建教育管理信息系统,并将"教育信息化工程"列为国家十大重点工程之一。在当前背景下,我国基础教育要想抓住机遇,实现跳跃式发展,就必须加快基础教育的信息化,要加快教育信息化的发展首先要提高中小学老师的信息技术的能力,这种能力不仅是他们自身适应信息社会发展的需求,也是教育教学工作的需要,是教育改革的需要。

　　中小学教师是教育改革的直接参与者,也是教育改革成败的关键因素之一,其思想观念和能力水平直接关系教学活动能否顺利地开展,关系到学生综合素质、创新能力的培养,让中小学教师尽快掌握和应用信息技术是当前教育信息化建设的重要内容。

　　中小学教师信息技术除了具有一般性信息技术的内涵外,还具有直接指向中小学教育教学实践的职业特性。根据中小学教师信息技术的独特性,中小学教师信息技术主要指应用技术层面上的计算机技术。它的内涵主要包括以下几种能力。

　　第一,具备信息化教学意识,能够掌握信息技术支持的高效课堂教学改革,能够自觉运用信息技术促进自身的专业发展。

　　第二,具备从网络获取信息的能力,能够熟练通过网络进行信息检索、信息资源下载、整合与共享。

　　第三,具备运用信息工具的能力,能够熟练运用相关工具进行演示文稿的设计与制作、概念图与思维导图的设计与制作,熟练运用 flash 制作简单动画,能够运用相关工具制作数字事故。

　　第四,具备信息协作能力,能够利用博客、Wiki、Moodle 等信息协作途径和工具开展广泛开展的信息协作,能与外界建立经常的、融合的、多维的信息协作关系。

　　第五,具备信息化教学管理能力,能够了解信息化教学资源的特点,了解教学资源管理原则,掌握信息化教学管理、信息化教学项目管理。

　　第六,具备信息化教学评价能力,信息化教学评价的根本目的是确保改善学与教的效果,因此,中小学教师应当了解信息化教学过程评价的内涵、工具与原则,了解信息化教学效果评价的内涵与功能,以及信息化有效教学评价体系。

第七,具备信息化教学创新能力,能够善于运用创造思维、灵感思维和发散思维的方法,通过比较分析、相关分析、寻找信息生长点,发现与创造新的信息。

围绕这几种能力中小学教师信息技术分为三个层面。

第一层面:基本操作技能,即多媒体、网络及网络数据库的基本操作技能。这是中小学教师信息技术中最基本的层面和最基本的操作能力,也是中小学教师作为一个普遍公民在数字化环境中的生存能力。信息时代的教师,首先作为一个公民,必须掌握自己所面对的信息设备的基本操作技术,只有这样才有可能去获取、选择、评价所需的信息、存储、加工、展示所获取的信息,也只有这样才能在信息社会中生存。

第二层面:运用信息技术进行研究,创造性学习与课程整合的能力。这是一个提高层次,即中小学教师将掌握的基本操作技能内化为自己综合运用信息技术解决问题的能力。信息技术与课程整合指的是:在学科课程教学中,把信息技术、信息资源、信息方法、人力资源与课程内容有机结合,共同完成课程教学任务的一种新型教学方式。

第三层面:在中小学教师自身技术素养综合发展的基础上,指导学生利用信息技术进行自主、高效、富有创造性的学习与交流,并对学生产生信息时代法律道德等规范的替移默化的影响。

因此,通过提高教师信息素养,全面提高教师素质,达到培养创新人才的目的,这是教师信息技术提高的最高层面,也是编写本书的目的所在。

在本书的编写过程中,得到浙江师范大学发展规划处、重庆大学出版社的大力支持,曾多次就书稿内容进行讨论与交流。尤其是浙江师范大学发展规划处杨天平处长给本书提出了很多建设性的建议。

参加本书编写的主要成员有:昝辉、周培、徐雪文、刘莉莉、张菊、沈昀、李慧,还有首都师范大学的宋小舟,义乌工商学院的吴雪飞。我对本书总体结构与框架作了安排,并对各章作了通稿修改。书中如有不妥之处,恳请读者批评指正。

在本书编写过程中引用了大量文献及网上资源,因无法查找原作者,在此向原作者表示感谢!

夏洪文
2013 年 3 月